普通高等院校计算机类专业规划教材·精品系列

实用数据结构基础
学习指导
（第二版）

陈元春　王淮亭　王中华　编著

中国铁道出版社有限公司
CHINA RAILWAY PUBLISHING HOUSE CO., LTD.

内 容 简 介

本书是《实用数据结构基础（第四版）》（陈元春、王中华、张亮、王勇编著，中国铁道出版社出版）的配套学习指导书。全书内容分为 5 部分：教学内容指导（包括对主教材第 1～10 章的知识点分析、典型习题分析和各章习题解答）；自主设计实验指导（对 10 个自主设计实验的设计思想、算法分析进行了详细指导）；模拟试卷；模拟试卷参考答案；数据结构课程设计报告样例。

本书对数据结构的概念和原理的阐述通俗易懂，例子翔实；习题难易适中，题型丰富；对数据结构基本运算的分析注重实现的过程。本书以 C/C++语言作为算法的描述语言，对于书中的实验和一些重要的算法均给出了完整的 C/C++语言源程序，并全部在 Visual C++ 6.0 环境下运行通过。

本书适合作为普通高等院校计算机类专业数据结构课程的教学辅导书，也可作为成人教育、自学考试和从事计算机应用的工程技术人员的参考书。

图书在版编目（CIP）数据

实用数据结构基础学习指导 / 陈元春，王淮亭，王中华
编著. — 2 版. — 北京 : 中国铁道出版社，2015.9（2019.12 重印）
普通高等院校计算机类专业规划教材. 精品系列
ISBN 978-7-113-20775-5

Ⅰ. ①实… Ⅱ. ①陈… ②王… ③王… Ⅲ. ①数据结构—
高等学校—教材 Ⅳ. ①TP311.12

中国版本图书馆 CIP 数据核字（2015）第 173726 号

书　　名：实用数据结构基础学习指导（第二版）
作　　者：陈元春　王淮亭　王中华　编著

策　　划：周海燕　　　　　　　　　　　读者热线：(010) 63550836
责任编辑：周海燕　彭立辉
封面设计：穆　丽　　　　　　　中国铁道出版社
封面制作：白　雪
责任校对：汤淑梅
责任印制：郭向伟

出版发行：中国铁道出版社有限公司（100054，北京市西城区右安门西街 8 号）
网　　址：http://www.tdpress.com/51eds/
印　　刷：三河市兴达印务有限公司
版　　次：2008 年 11 月第 1 版　　2015 年 9 月第 2 版　　2019 年 12 月第 3 次印刷
开　　本：787mm×1092mm　1/16　印张：13　字数：318 千
书　　号：ISBN 978-7-113-20775-5
定　　价：28.00 元

前言（第二版）

数据结构是计算机及相关专业的一门重要的专业基础课程。它不仅是计算机程序设计的理论基础，而且是学习计算机操作系统原理、编译原理、数据库原理等课程的重要基础。

数据结构的主要任务是讨论数据的各种逻辑结构和数据在计算机中的存储表示，以及各种非数值运算算法的实现方法。通过数据结构课程的学习，学生能使用数据结构的基本分析方法来提高编写程序的能力和应用计算机解决实际问题的能力。

由于数据结构学科所涉及的概念、原理和方法比较抽象，再加上知识点多、难度大，初学者不容易理解和掌握，尤其对于 C 语言基础较差和程序设计能力较弱的学生更是如此。不少学生在解答数据结构习题时，往往感到无从着手，更不知道算法如何描述。作者根据多年的教学经验积累，并收集、整理了大量文献，编写了本书，目的是通过知识点复习、典型习题分析，使学生充分掌握数据结构的原理，开拓求解数据结构问题的思路，提高分析问题和解决问题的能力，为编写数据结构的算法打下坚实的基础。

本书是《实用数据结构基础（第四版）》（陈元春、王中华、张亮、王勇编著，中国铁道出版社出版）的配套学习指导书，全书内容分为 5 部分。

第 1 部分　教学内容指导，包括对主教材第 1~10 章的知识点分析、典型习题分析和各章习题解答。

第 2 部分　自主设计实验指导，对 10 个自主设计实验的设计思想、算法分析进行了详细指导，并给出了完整的 C 程序源代码。所有源程序都已在 Visual C++ 6.0 环境下运行通过。通过这些实验，学生可以了解并学会如何运用数据结构的知识去解决实际问题，并培养设计较复杂算法的基本能力。

第 3 部分　模拟试卷，包含了 2 套模拟试卷，主要是为了帮助学生在学习数据结构课程以后自我检验。每套试卷中有判断题、填空题、选择题、应用题、程序填空题、算法分析题和程序设计题等题型。试题覆盖了教材中的大部分知识点，其目的是帮助学生对数据结构课程进行系统复习和自我测试。

第 4 部分　模拟试卷参考答案，供学生参考。

第 5 部分　课程设计报告样例，为读者提供了"设计并实现大整数的加减乘除运算"的设计报告例子，供学生参考。

由于《实用数据结构基础（第四版）》对各章的习题进行了改写和充实，所以本指导书的第 1 部分也做了相应的修订。除了对主教材第 1~10 章的知识点、典型习题进行分析以外，还提供了教材各章习题的全部解答。对第 2 部分内容只做了少量的修改。这两部分内容仍然由陈元春和王淮亭编写。

本次修订对原书的第 3、第 4 部分模拟试卷及参考答案进行了重写，并把原来 6

套模拟试卷压缩为两套，这部分内容仍然由陈元春编写。

本次修订增加了第 5 部分课程设计报告样例，这部分内容由王中华根据学生的课程设计报告修改、整理编写，主要用来指导学生如何撰写数据结构课程设计报告。

全书由陈元春定稿。本书适合作为《实用数据结构基础（第四版）》的教学指导用书，也可以作为数据结构自学者的参考书。

由于编者水平有限，加之成书时间仓促，书中疏漏或不当之处在所难免，恳请广大专家和读者不吝赐教。

编　者
2015 年 6 月

◀ 目　　录

第 1 部分　教学内容指导

第 2 部分 自主设计实验指导

第 3 部分 模 拟 试 卷

第 4 部分 模拟试卷参考答案

第 5 部分 课程设计报告样例

第①部分

教学内容指导

第 1 章

绪　　论 ⋘

📚 1.1　知识点分析

1．数据

数据是信息的载体，是对客观事物的符号表示。

2．数据元素

数据元素是对现实世界中某独立个体的数据描述，是数据的基本单位。数据元素也称为结点。

3．数据项

数据项是数据不可分割的、具有独立意义的最小数据单位，是对数据元素属性的描述。

数据、数据元素、数据项反映了数据组织的 3 个层次，即数据可以由若干个数据元素组成，数据元素又由若干数据项组成。

4．数据对象

数据对象是性质相同的数据元素的集合，是数据的一个子集。

5．数据结构

数据结构是相互之间存在一种或多种特定关系的数据元素的集合。简而言之，数据结构是指数据之间的关系，即数据的组织形式。数据结构包括以下三方面：

（1）数据的逻辑结构

数据元素之间的逻辑关系，称为数据的逻辑结构。即从逻辑关系上描述数据，它与数据的存储无关，是独立于计算机的。

线性结构是指数据元素之间存在"一对一"关系的逻辑结构，非线性结构是指数据元素之间存在"一对多"或"多对多"关系的逻辑结构。

（2）数据的存储结构

数据元素及其关系在计算机存储器内的表示，称为数据的存储结构，也称为数据的物理结构。数据的存储结构是数据的逻辑结构用计算机语言的实现，依赖于计算机语言。

（3）数据的运算

数据的运算是指对数据施加的操作。数据的运算是定义在数据的逻辑结构上的，而运算的实现则是在存储结构上进行的。

6. 算法的描述和分析

数据的运算是通过算法来描述的，对于算法的说明可以使用不同的语言，对同一问题可以有不同的算法。

（1）时间复杂度

通常，把算法中所包含简单操作次数的多少称为算法的时间复杂度。但是，当一个算法比较复杂时，其时间复杂度的计算会变得相当困难。一般情况下，算法中原操作重复执行的次数是规模 n 的某个函数 $f(n)$，算法的时间复杂度 $T(n)$ 的数量级可记作 $T(n)=O(f(n))$。

算法的时间复杂度 $T(n)$ 是该算法的时间消耗，一个算法的时间耗费就是该算法中所有语句的执行次数（频度）之和。当 $n \to \infty$ 时（即当 n 相当大时），$T(n)$ 的数量级（阶），用 O 表示。由于 $\lim T(n)/f(n)=C$，C 是不为 0 的常数，所以 $T(n)=O(f(n))$。其实，$f(n)$ 就是 $T(n)$ 中最高阶的一项，是算法中最大的语句频度。

一般情况下，对于循环语句只需要考虑循环体中语句的执行次数，而忽略该语句中循环头的部分。有时，循环体中语句的频度不仅与问题规模 n 有关，还与输入实例等其他因素有关，此时可以用最坏情况下的时间复杂度作为算法的时间复杂度。

（2）空间复杂度

一个程序的空间复杂度是指程序运行从开始到结束所需要的存储空间。类似于算法的时间复杂度，我们把算法所需存储空间的量度，记作 $S(n)=O(f(n))$。其中，n 为问题的规模。在进行时间复杂度分析时，如果所占空间量依赖于特定的输入，一般都按最坏情况来分析。

程序运行时所需要的存储空间包括以下两部分：

① 固定部分：主要包括程序代码、常量、变量、结构体变量等所占的空间。空间与所处理的数据大小和个数无关，或者说与问题事例的特征无关。

② 可变部分：空间大小与算法在某次执行中处理的特定数据的大小和规模有关。

1.2　典型习题分析

【例 1.1】算法与程序的区别。

解：算法与程序既有区别，又有联系。其区别是：

① 算法必须满足有穷性，而程序则不一定满足有穷性。例如，启动计算机必须使用操作系统，只要不关机或不受破坏，操作系统就永不终止。即使没有作业运行，它也一直处在一个等待循环中。因此，操作系统是一个不终止的计算过程，但它不满足算法的定义。

② 程序中的指令必须用计算机可以接受的语言书写，而算法则无此限制。但是，当用一台计算机可以接受的语言来书写算法时，它就是程序。一般而言，算法比较抽象，而程序则比较具体。

【例 1.2】通常一个算法的时间复杂度是指（　　　）。

A. 算法的平均时间复杂度　　　　B. 算法在最坏情况下的时间复杂度

C．算法的期望运行时间　　　　　　　D．算法在最好情况下的时间复杂度

分析：如果没有"平均""最好""最坏"的修饰语，时间复杂度就是指最坏的时间复杂度。最坏时间复杂度是算法的所有输入可能情况执行时间的上界，所以应选 B。

解：B。

【例 1.3】当 n 取 1～10 时，比较 n、$2n$、n^2、n^3、2^n、$n!$、n^n 增长率的变化。

解：表 1-1-1 所示为当 n 取 1～10 时各函数的变化过程，可见当 $n \geq 10$ 时，按增长率由小到大排列依次为 n、$2n$、n^2、n^3、2^n、$n!$、n^n。

表 1-1-1　各函数值增长表

n	$2n$	n^2	n^3	2^n	$n!$	n^n
1	2	1	1	2	1	1
2	4	4	8	4	2	4
3	6	9	27	8	6	27
4	8	16	64	16	24	256
5	10	25	125	32	120	3 125
6	12	36	216	64	720	46 656
7	14	49	343	128	5 040	823 543
8	16	64	512	256	40 320	16 777 216
9	18	81	792	512	362 880	3.9×10^8
10	20	100	1 000	1 024	3 628 800	1.0×10^{10}

【例 1.4】$T(n)=n^{\sin n}$，则用 O 可以表示为（　　　　）。

A．$T(n)=O(n^{-1})$　　　B．$T(n)=O(1)$　　　C．$T(n)=O(n)$　　　D．不确定

分析：$\sin n$ 的取值范围是 -1～1，所以 $T(n)$ 的上界为 $O(n^1)$，即 $O(n)$，所以应选 C。

解：C。

【例 1.5】设两个算法的执行时间分别为 $100n^2$ 和 2^n，它们在同一台计算机上运行，要使前者快于后者，n 至少要多大？

分析：要使前者快于后者，即求满足 $100n^2 < 2^n$ 的 n。由于 $100n^2$ 和 2^n 这两个函数都是单调递增函数，随着 n 的增大，2^n 的递增速度比 $100n^2$ 快。在 $n \geq 1$ 的整数情况下，可得出当 $n \geq 15$ 时，$100n^2 < 2^n$（可以编写一个程序进行测试）。所以，要使前者快于后者，n 至少要大于等于 15。

解：$n \geq 15$。

【例 1.6】当 n 充分大时，按从小到大的次序对下列时间进行排序：

① $T_1(n)=5n^2+10n+6 \lg n$。

② $T_2(n)=3n^2+100n+3 \lg n$。

③ $T_3(n)=8n^2+3 \lg n$。

④ $T_4(n)=2n^2+6000n \lg n$。

分析：为了比较两个同数量级算法的优劣，需突出主项的常数因子，而将低次的项用 O 表示，则 $T_1(n)=5n^2+10n+6 \lg n=5n^2+O(n)$，$T_2(n)=3n^2+100n+3 \lg n=3n^2+O(n)$，

$T_3(n)=8n^2+3\lg n=8n^2+O(\lg n)$，$T_4(n)=2n^2+6000n\lg n=2n^2+O(n\lg n)$。当 n 足够大时，$T_1(n)$、$T_2(n)$、$T_3(n)$、$T_4(n)$ 的时间复杂度都为 $O(n^2)$，虽然它们的数量级相同，但各自主项的系数还是有区别的。因为 $T_4(n)$ 的主项常数因子 $<T_2(n)$ 的主项常数因子 $<T_1(n)$ 的主项常数因子 $<T_3(n)$ 的主项常数因子，所以从小到大的顺序为 $T_4(n)$、$T_2(n)$、$T_1(n)$、$T_3(n)$。

解：$T_4(n)$、$T_2(n)$、$T_1(n)$、$T_3(n)$。

【例1.7】设 3 个函数 $f(n)$、$g(n)$、$h(n)$ 分别为：$f(n)=100n^3+n^2+100$、$g(n)=25n^3+50n^2$、$h(n)=n^{1.5}+50n\lg n$，判断下列关系是否成立：

① $f(n)=O(g(n))$　　　② $h(n)=O(n^{1.5})$　　　③ $h(n)=O(n\lg n)$

分析：① $\lim f(n)/g(n)=\lim(100n^3+n^2+100)/(25n^3+50n^2)=4$，即 $f(n)$ 和 $g(n)$ 的数量级相同，所以①$f(n)=O(g(n))$ 成立。

② $h(n)$ 的数量级取决于 $n^{1.5}$ 和 $n\lg n$，50 是与 n 无关的常数因子，可以忽略。因为 $n^{1.5}$ 的数量级大于 $\lg n$，也大于 $n\lg n$，即 $\lim h(n)/n^{1.5}=\lim (n^{1.5}+50n\lg n)/n^{1.5}=1$，所以② $h(n)=O(n^{1.5})$ 成立。

③ $\lim h(n)/n\lg n=\lim(n^{1.5}+50n\lg n)/n\lg n=\infty$，所以③$h(n)=O(n\lg n)$ 不成立。

解：① 成立；② 成立；③ 不成立。

【例1.8】将一维数组中的元素逆置的算法如下，试分析其时间频度及时间复杂度。

【程序代码】

```
void exchange(int a[],int n)
{
    fot(int i=0;i<=n/2-1;i++)
    {
        int t=a[i];
        a[i]=a[n-i-1];
        a[n-i-1]=t;
    }
}
```

解：时间频度为 $T(n)=3n/2$，当 n 充分大时，n 的系数 3/2 可以忽略不计，所以其时间复杂度为 $O(n)$。

【例1.9】将 n 个元素按升序排列的算法如下，试分析其时间频度及时间复杂度。

【程序代码】

```
void sort(int a[],int n)
{
    int i,j,k,t;
    for(i=0;i<n-1;j++)
    {
        k=i;
        for(j=i+1;j<=n-1;j++)
            if(a[k]>a[j])
                k=j;
        if(k!=i)
        {
            t=a[k];
            a[k]=a[i];
            a[i]=t;
```

```
        }
    }
}
```

解：时间频度为 $T(n)=1+(n-1)*(1+2+3+\cdots+n-1)+3(n-1)=n^2/2+7n/2-3$，时间复杂度为 $O(n^2)$。

【例 1.10】设 n 为正整数，分析下列程序段中加下画线的语句的程序步数。

【程序代码】

```
int i=1;
do{
    for(int j=1;j<=n;j++)
    i=i+j ;
}while(i<100+n)
```

分析：$i=1$ 结束时，$i=1+n(n+1)/2$；$i=2$ 结束时，$i=(1+n(n+1)/2)+n(n+1)/2=1+2(n(n+1)/2)$；$i=3$ 结束时，$i=(1+2(n(n+1)/2))+n(n+1)/2=1+3(n(n+1)/2)$。一般来说，$i=k$ 结束时，$i=1+k(n(n+1)/2)<100+n$，求出满足此不等式的 k 的最大值，语句 i=i+j 的程序步数为：$(k+1)\times(n(n+1)/2)$。

解：$(k+1)\times(n(n+1)/2)$。

1.3 习题 1 解答

一、判断题答案

题目	（1）	（2）	（3）	（4）	（5）
答案	×	√	√	×	√

二、填空题答案

（1）操作对象　　　　　　　　　　（2）存储结构

（3）图形结构　　　　　　　　　　（4）非线性结构

（5）树形结构　　　　　　　　　　（6）1

（7）任意多个　　　　　　　　　　（8）数据的物理结构

（9）散列存储　　　　　　　　　　（10）一对多

（11）多对多　　　　　　　　　　　（12）算法（或运算）

（13）所有数据元素之间关系　　　　（14）求解步骤

（15）事后统计法　　　　　　　　　（16）输入规模

（17）存储空间　　　　　　　　　　（18）$O(1)$

（19）$O(n\log_2 n)$　　　　　　　　（20）$O(n^2)$

三、选择题答案

题目	（1）	（2）	（3）	（4）	（5）	（6）	（7）	（8）	（9）	（10）
答案	B	C	A	D	B	B	A	B	D	C
题目	（11）	（12）	（13）	（14）	（15）	（16）	（17）	（18）	（19）	（20）
答案	A	C	C	A	D	D	C	C	B	D

四、答案

（1）$O(n \times m)$ （2）$O(n^2)$ （3）$O(1)$

（4）$O(n)$ （5）$O(n^2)$ （6）$O(m \times n \times l)$

五、答案

（1）

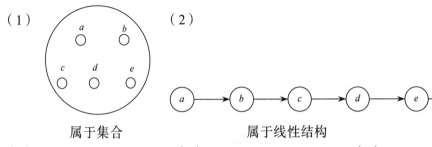

属于集合

（2）

属于线性结构

（3）

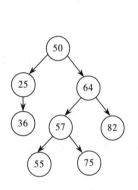

属于树形结构

（4）

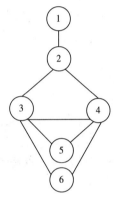

属于图形结构

（5）

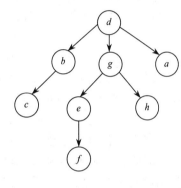

属于树形结构

第 2 章

线 性 表 ‹‹‹

2.1　知识点分析

1．线性表的定义

线性表是具有相同数据类型的 n（$n \geqslant 0$）个数据元素的有限序列，通常记为：

$$(a_1,\ a_2,\ \cdots,\ a_{i-1},\ a_i,\ a_{i+1},\ \cdots,\ a_n)$$

其中，n 为表长，$n = 0$ 时称为空表。

在线性表中相邻元素之间存在着顺序关系。对于元素 a_i 而言，a_{i-1} 称为 a_i 的直接前驱，a_{i+1} 称为 a_i 的直接后继。也就是说：

① 有且仅有一个开始结点（a_1），它没有直接前驱。

② 有且仅有一个终端结点（a_n），它没有直接后继。

③ 除了开始结点和终端结点以外，其余的结点都有且仅有一个直接前驱和一个直接后继。

2．顺序表

顺序表是线性表的顺序存储，是指在内存中分配一组连续地址的存储单元依次存储线性表的数据元素，元素之间的结构（关系）无须存放，顺序表的逻辑顺序和物理顺序是一致的。

常用的顺序表的操作（运算）有建立顺序表，插入、删除、查找等。

3．线性链表

线性链表（单链表）是线性表的链接式存储，在内存中分配的存储单元可以是连续的地址，也可以是不连续的地址，存储单元中存放数据元素信息（数据域）和存放其后继结点地址（指针域）。

常用的线性链表操作（运算）有建立链表，求表长，查找、插入、删除等。

4．顺序表和线性链表的比较

（1）顺序表

优点：空间利用率高；可以随机存取表中任意一个元素，存储位置可以用公式 $B+(i-1) \times d$ 计算。其中，B 为基地址。

缺点：对顺序表做插入、删除时需要通过移动大量的数据元素，时间性能差；线性表预先分配空间时，必须按最大空间分配，存储空间得不到充分的利用；表的容量难以扩充（对有些高级语言而言）。

（2）单链表

优点：对表做插入、删除时无须移动数据元素，时间性能好；因为动态分配存储空间，不会发生溢出现象。

缺点：存储密度小，空间利用率低；查找元素必须从首元素开始查找，比较费时。

2.2 典型习题分析

【例2.1】带头结点的单链表 L 为空的判断条件是（　　）。

A. L==NULL　　　　B. L->next== NULL　　C. L->next==L　　　　D. L!=NULL

分析：带头结点的单链表为空表如图 1-2-1 所示。所以，其判断条件可以表示为 L->next==NULL（注意用"=="），如果单链表不带头结点，则其空判断条件是 L==NULL，如果是循环单链表，其空判断条件是 L->next==L，如图 1-2-2 所示，故答案为 B。

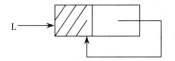

图 1-2-1　带头结点的空单链表　　　　图 1-2-2　带头结点的空循环单链表

解：B。

【例2.2】在 n 个结点的顺序表中，算法的时间复杂度为 $O(1)$ 的操作是（　　）。

A. 访问第 i 个结点（$1 \leq i \leq n$）和求第 i 个结点的直接前驱（$2 \leq i \leq n$）

B. 在第 i 个结点之后插入一个新结点（$1 \leq i \leq n$）

C. 删除第 i 个结点（$1 \leq i \leq n$）

D. 将 n 个结点从小到大排序

分析：在顺序表中第 i 个结点之后插入一个新结点（$1 \leq i \leq n$），在其后结点都要顺序往后移动，所以时间复杂度为 $O(n)$，B 不能选。顺序表删除第 i 个结点（$1 \leq i \leq n$），在其后结点都要顺序往前移动，所以时间复杂度为 $O(n)$，C 不能选。在顺序表中，将 n 个结点从小到大排序，时间复杂度大于 $O(n)$，D 不能选。在顺序表中访问第 i 个结点，其地址可有公式直接计算出，因此时间复杂度为 $O(1)$，同样求第 i 结点的直接前驱第 $i-1$ 结点，其时间复杂度也为 $O(1)$，故选 A。

解：A。

【例2.3】在具有 n 个结点的单链表中，其算法的时间复杂度是 $O(n)$ 的操作是（　　）。

A. 求链表的第 i 个结点　　　　　　B. 在地址为 p 的结点之后插入一个结点

C. 删除开始结点　　　　　　　　　　D. 删除地址为 p 的结点的后继结点

分析：由单链表知在地址为 p 的结点之后插入一个结点，如图 1-2-3 所示，只需修改指针，即① s->next=p->next;② p->next=s;时间复杂度是 $O(1)$，B 不能选。删除开始结点只需要修改头结点，H->next=H->next->next;就可以了，时间复杂度是 $O(1)$，C 不能选。删除地址为 p 的结点的后继结点，如图 1-2-4 所示，p->next=p->next->next;就可以，时间复杂度是 $O(1)$，D 不能选。求链表的第 i 个结点，必须从头结点开始，如图 1-2-5 所示，其时间复杂度是 $O(n)$，故选 A。

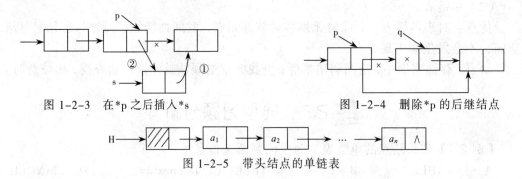

图 1-2-3　在*p 之后插入*s　　　　　　　图 1-2-4　删除*p 的后继结点

图 1-2-5　带头结点的单链表

解：A。

【例 2.4】 在 n 个结点的单链表中要删除已知结点*p，需要找到 ____①____ ，其时间复杂度为 ____②____ 。而在双链表中要删除已知结点*p，其时间复杂度为 ____③____ 。

分析：① 在单链表中删除一个结点，必须找到其前驱结点，应该填写其前驱结点。

② 在单链表中找一个结点必须从首结点开始查找，所以单链表查找结点时间复杂度为 $O(n)$。

③ 在双链表中删除一个已知结点，如图 1-2-6 所示，只要修改两个指针：p->front->rear=p->rear; p->rear->front=p->front; 所以时间复杂度为 $O(1)$。

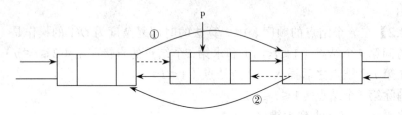

图 1-2-6　双链表删除结点

解：① 其前驱结点；② $O(n)$；③ $O(1)$。

【例 2.5】 对于一个具有 n 个结点的单链表，在 p 所指结点后插入一个新结点的时间复杂度为 ____①____ ，在给定值为 x 的结点后插入一个新结点的时间复杂度为 ____②____ 。

分析：① 单链表在指定结点之后插入结点，无须查找结点位置，其时间复杂度为 $O(1)$。② 而给定一个值 x 之后插入结点，需要查找结点 x 的位置，故其时间复杂度为 $O(n)$。

解：① $O(1)$；② $O(n)$。

【例 2.6】 下列程序是将一个顺序表（a_1，a_2，a_3，a_4，…，a_n）逆置的程序，试在空格处填上正确的语句。

【程序代码】

```
#include<iostream.h>
#define MAXLEN 10
struct SeqList
{
```

```
      int data[MAXLEN];
      int last;
};
SeqList a;
void main()
{
   int i,temp,n;
   a.last=-1;
   cout<<"输入元素个数:";
   cin>>n;
   for(i=0;i<n;i++)
   {
      cin>>a.data[i];a.last++;
   }
   for(i=0;____①____;i++)
   {
      temp=a.data[i];
      a.data[i]=____②____;
      ____③____=temp;
   }
   for(i=0;i<n;i++)
      cout<<a.data[i]<<'\t';
   cout<<endl;
}
```

分析：① 根据题意将一个顺序表倒置，就是将第一个元素和最后一个元素交换，第二个元素和倒数第二个元素交换……如图 1-2-7 所示，交换次数是元素个数的一半，即$(n-1)/2$，所以填写$(n-1)/2$。

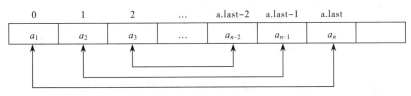

图 1-2-7　将顺序表倒置示意图

②和③是将两数交换，第一个元素和最后一个元素（序号为 $n-1$），第二元素和倒数第二个元素（序号为 $n-1-1$），……，第 i 个元素和倒数第 i 个元素（序号为 $n-i-1$）交换，所以②和③应填写 a.data[n-i-1]。

解：① i<=(n-1)/2。② a.data[n-i-1]。③ a.data[n-i-1]。

【**例 2.7**】下列算法是将一个带头结点单循环链表 H（非空），实现逆置。

【**程序代码**】

```
void inver(linnode *H)
{
   linnode *p,*H1,*r;
   H1=H;
   p=H->next;
   ____①____;
   while(____②____)
```

```
   {
       r=p->next;
       p->next=H1->next;
       H1->next=p;
           ③        ;
   }
       H=H1;
}
```

分析：图 1-2-8 所示为带头结点的循环单链表，将其逆置，上述程序思路是：依次从单链表 H 中取出结点，插入到单链表 H1 的头结点之后，如图 1-2-9 所示。

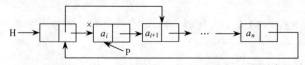

图 1-2-8　带头结点的单循环链表 H

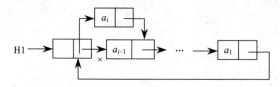

图 1-2-9　带头结点的单循环链表 H1

① H1 是循环单链表，填写 H1->next=H1，表示是一个空循环单链表开始插入。

② 表示循环条件，对于循环单链表结束条件是结点地址为头结点，所以填写 p!=H。

③ 为插入下一个结点做准备，应该取下一个结点地址，所以填写 p=r。

解：① H1->next=H1；② p!=H；③ p=r。

【例 2.8】假设有一个循环链表的长度大于 1，且表中既无头结点也无头指针，已知 s 为指向链表中某一结点的指针，试设计算法实现在链表中删除指针 s 所指结点的前驱结点。

分析：本题链表是一个循环单链表，解题思路是从结点 s 开始向后查找其前驱结点 p 和 s 前驱的前驱结点 q，修改指针结点的 next 值为 s 的地址，即 q->next=s，删除结点 p。

【程序代码】

```
void dele(linnode *s)
{
    linnode *p, *q;
    p=s->next; q=s;
    while(p->next!=s)
    {
        q=s;
        p=p->next;
    }
    q->next=s;
    delete p;
}
```

【例 2.9】设计一个算法，删除顺序表中值相同的结点。

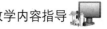

分析：本题算法是从第一个结点开始到最后一个结点（注意如果有结点值相同，结点被删除后，顺序表长度随时变化）的元素值取出，和下面结点值依次比较，如果有相同值，从相同值下一个元素开始到最后一个元素，顺序往前移动一位。

【程序代码】

```
SeqList del_SeqList(SeqList L)
{
    int i=0,j,k;
    while(i<=L.last)
    {
        j=i+1;
        while(j<=L.last)
            if(L.data[i]=L.data[j])
            {
                for(k=j+1;k<=L.last;k++)
                L.data[k-1]=L.data[k];
                L.last--;
            }
            else
                j++;
                i++;
    }
    return L;
}
```

【例2.10】设有一循环双链表，但初始时每个结点的前驱指针域prior都是空的，试编写算法，使每个结点的前驱指针域指向其直接前驱结点的地址。

分析：对后继指针已经连接，前驱指针是空的循环双链表，编写算法的思路是：用两个指针变量p、q，让p、q从头到尾访问双链表，并且q始终是p的前驱，修改p的前驱指针域p->prior=q。

【程序代码】

```
struct cdlist                        //双链表数据类型
{
    datatype data;                   //结点数据域
    struct cdlist *prior;            //指向前驱结点的指针
    struct cdlist *next;             //指向后继结点的指针
}
void invert_cdlist(cdlist *head)
{
    cdlist *p,*q;
    p=head->next;
    q=head;
    while(p!=head)
    {
        p->prior=q;
        q=p;
        p=p->next;
    }
    head->prior=q;
}
```

【**例 2.11**】设计一个带头结点双链表按下列要求的 Locate 运算的算法。

双链表的每个结点有 4 个域，前驱指针域 prior、后继指针域 next、数据域 data、访问频率域 freq（初始为 0）。当进行一次 Locate(head,x)运算时值为 x 的 freq 域值加 1。要求将链表中结点按 freq 域从大到小排列，使频繁访问的结点总是靠近表头，并返回找到的值 x 的位置。

分析：对双链表查找值 x 的结点，可以参照循环单链表思路处理，找到结点后，使其频率域加 1，其频率域值如果大于其前驱频率域值，则两个结点交换位置，交换位置后值为 x 的结点其频率域的值如果还大于其前驱频率域值，则继续交换，直到其频率域的值不大于其前驱频率域值为止，如图 1-2-10 所示。

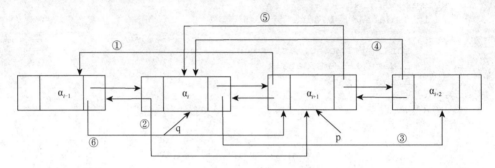

图 1-2-10　双链表相邻两个结点交换示意图

对于双链表交换相邻结点的操作：

① p->prior=q->prior。

② q->prior->next=p。

③ q->next=p->next。

④ p->next->prior=q。

⑤ p->next=q。

⑥ q->prior=p。

【**程序代码**】

```
int Locate(cdlist *head,datatype x)
{
    cdlist *p,*q;
    int i=1;
    p=head->next;
    q=head;
    while(p!=NULL&&p->data!=x)
    {
        p=p->next;
        i++;
    }
    if(p==NULL)
        i=0;
    else
    {
        p->freq++;
        q=p->frior;
```

```
    while(q!=head&&q->freq<p->freq)
    {
        i--;
        p->prior=q->prior;
        q->prior->next=p;
        q->next=p->next;
        p->next->frior=q;
        p->next=q;
        q->prior=p;
    }
}
return i;
}
```

2.3 习题 2 解答

一、判断题答案

题目	（1）	（2）	（3）	（4）	（5）
答案	×	√	×	√	×

二、填空题答案

（1）数据元素的个数　　　　（2）必须　　　　　　　（3）节约存储空间

（4）144　　　　　　　　　（5）顺序　　　　　　　（6）$O(1)$

（7）$n-i$　　　　　　　　（8）$n-i+1$　　　　　　（9）$(n-1)/2$

（10）指针　　　　　　　　（11）前驱　　　　　　　（12）链式

（13）头指针　　　　　　　（14）$O(n)$　　　　　　（15）从任一结点出发

（16）$O(1)$　　　　　　　（17）L->next->next==L　（18）4

（19）P-> rear->front =P->front;　　　　（20）S->next->next= P->next;

三、选择题答案

题目	（1）	（2）	（3）	（4）	（5）	（6）	（7）	（8）	（9）	（10）
答案	A	D	A	B	B	B	A	C	C	D

题目	（11）	（12）	（13）	（14）	（15）	（16）	（17）	（18）	（19）	（20）
答案	B	C	B	C	B	C	C	D	C	B

四、答案

（1）返回结点*p 的直接前驱结点地址。

（2）交换结点*p 和结点*q（p 和 q 的值不变）。

五、程序填空答案

（1）① p->data>=max　　　　（2）① new node

　　② p->next　　　　　　　　　② x

　　③ p->next　　　　　　　　　③ p=p->next

　　④ delete (p)　　　　　　　　④ s->next=p->next

　　⑤ q->next　　　　　　　　　⑤ p->next=s

六、程序设计题答案

（1）【程序代码】

```c
void Show(linknode *P)
{
    linknode *t=P;
    do{
        printf("%c",t->data);
        t=t->next;
    }while(t!=P);
}
```

（2）【程序代码】

```c
void delete(linknode *L)
{
    linknode *p=L,*q;
    if(L->next->data==x)
    {
        printf("值为 x 的结点是第一个结点，没有直接前驱结点可以删除");
        return;
    }
    for(;p->next->data!=x;q=p,p=p->next)    //删除指针 p 所指向的结点
        q->next=p->next;
    delete p;
}
```

（3）【程序代码】

```c
void Del(linknode *head,int i,int k)
{
    linknode *p,*q;
    int j;
    if(i==1)
        for(j=1;j<=k;j++)                     //删除前 k 个元素
        {
            p=head;                           //p 指向要删除的结点
            head=head->next;
            delete p;
        }
        else
        {
            p=head;
            for(j=1;j<=i-2;j++)
                p=p->next;                    //p 指向要删除的结点的前一个结点
            for(j=1;j<=k;j++)
            {
                q=p->next;                    //q 指向要删除的结点
                p->next=q->next;
                delete q;
            }
        }
}
```

（4）分析

遍历单链表的每个结点，每遇到一个结点，结点个数加 1，结点个数存储在变量 n 中。

【程序代码】

```
int counter(linknode *head)
{
    linknode  *p;
    int n=0;
    p=head;
    while(p!=NULL)
    {
        if(p->data==x)
            n++;
        p=p->next;
    }
    return(n);
}
```

（5）分析

本题的算法思想是先找到两链表的尾指针，将第一个链表的尾指针与第二个链表的头结点链接起来，使之成为循环。

【程序代码】

```
linknode *link (linknode *head1,linknode *head2)
{
    linknode *p,*q;
    p=head1;
    while(p->next!=head1)
        p=p->next;
    q=head2;
    while(q->next!=head2)
        q=q->next;
    p->next=head2;
    q->next=head1;
    return (head1);
}
```

（6）分析

① 查找最后一个不大于 mink 的元素结点，由指针 p 指向。

② 如果还有比 mink 更大的元素，查找第一个不小于 maxk 的元素，由指针 q 指向。

③ p->next=q，即删除表中所有值大于 mink 且小于 maxk 的元素。

【程序代码】

```
void  Delete_Between(LinkList *L,int mink,int maxk)
{ p=*L;
  while(p->next->data<=mink) p=p->next; // p 是最后一个不大于 mink 的元素
  if(p->next)                           // 如果还有比 mink 更大的元素
  { q=p->next;
    while(q->data<maxk)
        q=q->next;                      // q 是第一个不小于 maxk 的元素
        p->next=q;
  }
}
```

（7）分析

① 初始化指针 p 和 q，分别指向链表中相邻的两个元素。

② 当 p->next 不为空时，做如下处理：

● 若相邻两元素不相等时，p 和 q 都向后推一步。

● 否则，当相邻元素相等时，删除多余元素。

【程序代码】

```
void Delete_Equal(LinkList *L)
{ p=(*L)->next; q=p->next;        // p和q指向相邻的两个元素
  while(p->next)
  { if(p->data!=q->data)          // 若相邻两元素不相等时，p和q都向后推一步
    { p=p->next; q=p->next; }
      else
      { while(q->data==p->data)   // 当相邻元素相等时删除多余元素
        { r=q;
          q=q->next;
          free(r);
        }
        p->next=q;p=q;q=p->next;
      }                           // else
  }                               // while
}                                 // Delete_Equal
```

（8）分析

先从 B 和 C 中找出共有元素，记为 same，再在 A 中从当前位置开始，凡小于 same 的元素均保留(存到新的位置)，等于 same 的就跳过，到大于 same 时就再找下一个 same。

【程序代码】

```
void SqList_Intersect_Delete(SqList *A,SqList B,SqList C)
{ i=0; j=0; k=0; m=0;        // i指示A中元素原来的位置，m为移动后的位置
  while (i<(*A).length&&j<B.length&& k<C.length)
    { if(B.elem[j]<C.elem[k])
      j++;
    else
      if(B.elem[j]>C.elem[k])
        k++;
      else
      { same=B.elem[j];                // 找到了相同元素same
        While(B.elem[j]==same)
          j++;
        while(C.elem[k]==same)
          k++;                         // j和k后移到新的元素
        while(i<(*A).length&&(*A).elem<same)
          (*A).elem[m++]=(*A).elem[i++];  // 需保留的元素移动到新位置
        While(i<(*A).length&&(*A).elem==same)
          i++;                         // 跳过相同的元素
      }
    }                                  // while
  while(i<(*A).length)
    (*A).elem[m++]=(*A).elem[i++];     // A的剩余元素重新存储
  (*A).length=m;
}                                      // SqList_Intersect_Delete
```

栈 ⟪⟪

第 3 章

3.1 知识点分析

1．栈

① 栈是一种特殊的、只能在表的一端进行插入、删除操作的线性表。允许插入、删除的一端称为栈顶，另一端称为栈底。

② 栈的逻辑结构和线性表相同，其最大特点是"后进先出"。

③ 栈的存储结构有顺序栈和链栈之分，要求掌握栈的 C 语言描述方法。

④ 重点掌握在顺序栈和链栈上实现：进栈、出栈、读栈顶元素、判栈空和判栈满等基本操作。

⑤ 熟悉栈在计算机的软件设计中的典型应用，能灵活应用栈的基本原理解决一些实际应用问题。

2．顺序栈

顺序栈是利用地址连续的存储单元依次存放从栈底到栈顶的元素，同时附设栈顶指针来指示栈顶元素在栈中的位置。

（1）用一维数组实现顺序栈

设栈中的数据元素的类型是字符型，用一个足够长度的一维数组 s 来存放元素，数组的最大容量为 MAXLEN，栈顶指针为 top，则顺序栈可以用 C（或 C++）语言描述如下：

```
#define MAXLEN 10              //分配最大的栈空间
char s[MAXLEN];               //数据类型为字符型
int top;                     //定义栈顶指针
```

（2）用结构体数组实现顺序栈

顺序栈的结构体描述如下：

```
#define MAXLEN 10              //分配最大的栈空间
typedef struct               //定义结构体
{
    datatype data[MAXLEN];    //datatype可根据需要定义类型
    int top;                 //定义栈顶指针
}SeqStack;
SeqStack  *s;                //定义s为结构体类型的指针变量
```

（3）基本操作的实现要点

① 顺序栈进栈之前必须判栈是否为满，判断的条件为：s->top==MAXLEN-1。

② 顺序栈出栈之前必须判栈是否为空，判断的条件为：s->top==-1。

③ 初始化栈（置栈空）：s->top==-1。

（4）进栈操作

```
if(s->top!=MAXLEN-1)          //如果栈不满
{
    s->top++;                 //指针加 1
    s->data[s->top]=x;        //元素 x 进栈
}
```

（5）出栈操作

```
if(s->top!=-1)                //如果栈不空
{
    *x=s->data[s->top];       //出栈（即栈顶元素存入*x）
    s->top--;                 //指针加 1
}
```

（6）读栈顶元素

```
if(s->top!=-1)                //如果栈不空
    return (s->data[s->top]); //读栈顶元素，但指针未移动
```

3. 链栈

用链式存储结构实现的栈称为链栈。

（1）链栈的特点

① 数据元素的存储与不带头结点的单链表相似。

② 用指针 top 指向单链表的第一个结点。

③ 插入和删除在 top 端进行。

（2）链栈的存储表示

```
typedef struct stacknode        //栈的存储结构
{
    datatype data;              //定义数据类型
    struct stacknode *next;     //定义一个结构体的链指针
}stacknode,*Linkstack;
Linkstack  top;                 //top 为栈顶指针
```

（3）基本操作的实现要点

① 链栈进栈之前不必判栈是否为满。

② 链栈出栈之前必须判栈是否为空，判断的条件：s->top==NULL。

③ 初始化栈（置栈空）：s->top=NULL。

（4）进栈操作

```
stacknode *p=new stacknode;     //申请一个新结点
p->data=x;                      //数据入栈
p->next=s->top;                 //修改栈顶指针
s->top=p;
```

（5）出栈操作

```
int x;                    //定义一个变量 x，用以存放出栈的元素
stacknode *p=s->top;      //栈顶指针指向 p
x=p->data;                //栈顶元素送 x
s->top=p->next;           //修改栈顶指针
delete p;                 //回收结点 p
return x;                 //返回栈顶元素
```

（6）取栈顶元素

```
if(p!=NULL)
{
   x=s->top->data;        //输出栈顶元素
   return x;              //返回栈顶元素
}
```

3.2　典型习题分析

【例 3.1】若已知一个栈的入栈序列是 1，2，3，…，n，其输出序列是 P_1，P_2，P_3，…，P_n，若 $P_1=n$，则 $P_i=$（　　　　）。

A. i　　　　　　　B. $n-i$　　　　　　C. $n-i+1$　　　　　　D. 不确定

分析：栈的特点是后进先出，P_1 输出为 n，P_2 输出为 $n-1$，…，P_i 输出为 $n-i+1$，所以选 C。

解：C。

【例 3.2】在对栈的操作中，能改变栈的结构的是（　　　　）。

A. SEmpty(S)　　　　B. SFull(S)　　　　C. ReadTop (S)　　　　D. InitStack(S)

分析：SEmpty(S)是判栈空函数，SFull(S)是判栈满函数，ReadTop(S)是读栈顶元素的函数，它们都不改变栈中的数据和结构。InitStack(S)为初始化栈函数，若栈 S 中原来有数据存在，则经过初始化以后，就成为一个空栈，也就是说改变了栈的结构。所以 D 为正确答案。

解：D。

【例 3.3】"后进先出"是栈的特点，那么出栈的次序一定是入栈次序的逆序列吗？

分析：不一定。因为当栈后面的元素未进栈时，先入栈的元素可以先出栈。例如将 1、2、3 依次入栈，得到出栈的次序可以是：123、132、213、231、321 五种。在 1、2、3 的六种全排列中，只有 312 不可能是出栈的序列。例如，213 可以这样得到：1 入栈；2 入栈，并出栈；1 出栈；3 入栈，并出栈。

312 之所以不可能是出栈的序列，原因是：3 第一个出栈，表示 1、2 必然在栈中，且 2 是栈顶元素，它必须先于 1 出栈。所以，312 是不可能得到的出栈次序。

解：不一定。

【例 3.4】设一个栈的进栈序列是 a、b、c、d，进栈的过程中可以出栈，不可能的出栈序列是（　　　　）。

A. $dcba$　　　　　B. $cdba$　　　　　C. $dcab$　　　　　D. $abcd$

分析：栈是仅能在表的一端进行插入和删除操作的线性表，即进栈和出栈运算仅

能在栈顶进行，其操作原则是后进先出。

① 要求出栈序列是 *dcba* 时，要将 *a*、*b*、*c*、*d* 都进栈，再依次出栈。

② 要求出栈序列是 *cdba* 时，需要将 *a*、*b*、*c* 进栈，*c* 出栈，*d* 进栈，再 *d* 出栈，再 *b* 出栈，*a* 出栈。

③ 要求出栈序列是 *dcab* 时，需要将 *a*、*b*、*c*、*d* 依次进栈，*d* 出栈，*c* 出栈，当前栈顶元素是 *b*，故 *a* 不能出栈。所以 C 是不可能的出栈序列。

④ 要求出栈序列是 *abcd* 时，可将 *a*、*b*、*c*、*d* 逐个进栈后立即出栈。

解：C。

【例 3.5】铁路列车调度时，常把站台设计成栈式结构，如图 1-3-1 所示。

① 设有编号为 1、2、3、4、5、6 的六辆列车顺序开入栈式结构的站台，则可能的出栈序列有几种？

② 进栈顺序如上所述，能否得到 435612 和 325641 两个出栈序列？

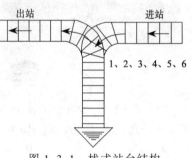

图 1-3-1　栈式站台结构

解：① 可能的出栈的序列有 $[1/(6+1)] \times C_{12}^6 = 132$ 种。

② 不能得到 435612 的出栈序列。因为若在 4、3、5、6 之后再将 1、2 出栈，则 1、2 必须一直在栈中，此时 1 先进栈，2 后进栈，2 应压在 1 的上面，不可能 1 先于 2 出栈。

出栈序列 325641 可以得到，其进栈、出栈过程如图 1-3-2 所示。

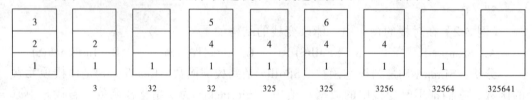

图 1-3-2　进栈、出栈过程

【例 3.6】在链栈中为什么不必设头结点？

解：在链栈中，首结点为栈顶元素。在栈中的插入、删除操作都在栈顶进行，因此每次插入、删除操作都要修改栈顶指针。如果设置头结点，则头结点后跟的是栈顶元素，每次插入、删除操作就要修改头结点中的指针。反正要修改一个指针，可见设置头结点是没有必要的。

【例 3.7】指出下述程序段的功能是什么？

【程序代码】

```
void Prog1(SeqStack *S)
{
    int i,n=0,a[64];                    //设栈中的元素个数小于64
    while(!StackEmpty(S))
        a[n++]=Pop(S);
        for(i=0;i<=n;i++)
            Push(S,a[i]);
}
```

解：Prog1 的功能是将顺序栈 S 中的元素逆置。例如，执行 Prog1 前 S=$(a_1,a_2,\cdots,a_n)$，则执行 Prog1 后 S=$(a_n,\cdots,a_2,a_1)$。

【例 3.8】指出下述程序段的功能是什么？

【程序代码】

```
void Prog2(SeqStack *S1,S2)
{
   SeqStack  S1,S2,Temp;              //设 S1 已存在，S2、Temp 已初始化
   DataType x;
   while(!StackEmpty(&S1))
   {
      x=Pop(&S1);
      Push(&Temp,x);
   }
   while(!StackEmpty(&Temp))
   {
      x=Pop(&Tepm);
      Push(&S1,x);
      Push(&S2,x);
   }
}
```

解：Prog2 的功能是用 Temp 作为辅助栈，将 S1 复制到 S2 中，并保持 S1 中的内容不变。设执行此程序段之前 S1=$(a_1, a_2, \cdots, a_n)$，执行此程序段之后，S1=$(a_1, a_2, \cdots, a_n)$，S2=$(a_1, a_2, \cdots, a_n)$。程序的第一个 while 语句把 S1 的内容放到 Temp 中，第二个 while 语句把 Temp 中的内容分别放到 S1 和 S2 中。

【例 3.9】指出下述程序段的功能是什么？

【程序代码】

```
void  Prog3(SeqStack *S,char x)
{
   SeqStack  T;
   char i;
   InitStack(&T);
   while(!StackEmpty(S))
      if(((i=Pop(S))!='k')
         Push(&T,i);
   while(!StackEmpty(&T))
   {
      i=Pop(&T);
      Push(S,i);
   }
}
```

解：Prog3 的功能是把栈 S 中值为 k 的结点删除。

【例 3.10】写出下列程序段的输出结果。

【程序代码】

```
void main()
{
```

```
Stack S;
char x,y;
InitStack(S);                          //初始化栈
x="c";
y="k";
Push(S,x);
Push(S,"a");
Push(S,y);
Pop(S,x);
Push(S,"t");
Push(S,x);
Pop(S,x);
Push(S,"s");
while(!SEmpty(S))
{
    Pop(S,y);
    cout<<y;
}
cout<<x;
}
```

分析：本题主要是分清变量的内容进栈，还是字符直接进栈。按照程序中其进栈、出栈的主要步骤，以及变量 x 和 y 值的变化过程如图 1-3-3 所示。在 while 循环语句中，栈顶数据依次弹出到 y，并输出。循环结束输出 stac，最后输出 x 的值 k，所以运行程序段的输出结果为 stack。

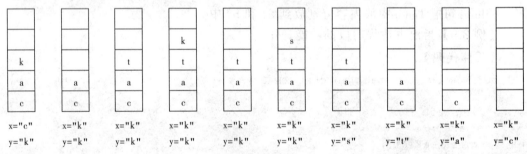

图 1-3-3　进栈、出栈过程

解：stack。

3.3　习题 3 解答

一、判断题答案

题目	（1）	（2）	（3）	（4）	（5）
答案	×	×	√	×	√

二、填空题答案

（1）后进先出　　　　　（2）栈顶　　　　　　　　（3）栈空

（4）S->top+1;　　　　（5）LS->next==NULL　　　（6）栈是否满

（7）链　　　　　　　　（8）相同　　　　　　　　（9）$O（1）$

（10）头　　　　　　　（11）栈顶元素　　　　　　（12）p->next=top；

（13）B　　　　　　　（14）C　　　　　　　　　　（15）BCE

（16）2　　　　　　　（17）IOIIOIOO　　　　　　（18）栈

（19）ABC/+DE×−　　（20）n−i−1

三、选择题答案

题目	（1）	（2）	（3）	（4）	（5）	（6）	（7）	（8）	（9）	（10）
答案	C	B	A	B	B	D	A	B	B	A
题目	（11）	（12）	（13）	（14）	（15）	（16）	（17）	（18）	（19）	（20）
答案	D	A	B	C	B	C	A	D	C	C

四、答案

（1）① IIIOOOIOIO　　　　　　　　② IOIIOOIIOO

（2）求后缀表达式答案为：

① $AB^C^D/$

② $0A−BC*+DE/+$

③ $ABC+*D*E−$

④ $AB+C*EFGH/+/−D−$

⑤ 8 5 2+/6−

（3）stack（分析见典型习题分析例 3.10）

五、算法设计题答案

（1）分析：用一整型变量 top 表示栈顶指针，top 为 0 时表示栈为空。栈中元素从 S[1]开始存放元素。

① 【入栈程序代码】

```
void push(char  x)
{
  if((top+M)>MAXLEN-1)
    printf("堆栈溢出！");
  else
  {
    if(top==0)
    {
      top++;
      S[top]=x;
    }
    else
    {
      top=top+M;
      S[top]=x;
    }
  }
}
```

②【出栈程序代码】

```
void pop(char  x)
{
    if(top==0)
        printf("堆栈为空栈! ");
    else
    {
        if(top==1)
        {
            x=S[top];
            top--;
        }
        else
        {
            x=S[top];
            top=top-M;
        }
    }
}
```

（2）分析：设表达式在字符数组 a[ ]中，使用堆栈 s 来帮助判断。

【程序代码】

```
int correct(char a[])
{
    stack s;
    InitStack(s);                          //调用初始化栈函数
    for(i=0;i<strlen(a);i++)
        if(a[i]=='(')
            Push(s,'(');
        else if(a[i]==')')
        {
            if(SEmpty(s))                  //SEmpty(s)为判栈空函数
                return 0;                  //若栈为空返回0，否则出栈
            else
                Pop(s);
        }
        if(SEmpty(s))
            printf("配对正确!");           //若栈空，说明配对正确，并返回1
        else
            printf("配对错误!");           //配对错误返回0
    }
}
```

（3）【程序代码】

```
#include<stdio.h>
#include<stdlib.h>
typedef struct stacknode                   //栈的存储结构
{
    int data;
    struct stacknode *next;
```

```
}stacknode;
typedef struct
{
    stacknode *top;                     //指向栈的指针
}linkstack;
void Conversion(int n)                  //二-十六进制转换函数
{
    linkstack s;
    int x;
    s.top=NULL;
    do{
        x=n%16;
        n=n/16;
        stacknode *p;
        p=new(stacknode);
        p->next=s.top;
        s.top=p;
        s.top->data=x;
    }while(n);
    printf("\n\t\t 转换以后的十六进制数值为: ");
    while(s.top)
    {
        if(s.top->data<10)
            printf("%d",s.top->data);
        else
            switch(s.top->data)
            {
                case 10:
                    printf("%c",'A');
                    break;
                case 11:
                    printf("%c",'B');
                    break;
                case 12:
                    printf("%c",'C');
                    break;
                case 13:
                    printf("%c",'D');
                    break;
                case 14:
                    printf("%c",'E');
                    break;
                case 15:
                    printf("%c",'F');
                    break;
            }
        stacknode *p=s.top;
        s.top=s.top->next;
        free(p);
    }
```

```
    printf("\n\n");
}
void main()
{
    int n;
    printf("\n\t\t 请输入一个十进制正整数:");
    scanf("%d",&n);
    Conversion(n);
}
```

（4）可以将链表中的字符按顺序进栈，然后将栈中的字符退栈并逐个与链表中的字符进行比较，若全部相等，则是中心对称（返回 1）；否则，不是（返回 0）。

【程序代码】

```
int  yesorno(link  *head)
{ char s[100];                    // s 为栈，最大容量为 100
  int  top=-1;                    // top 为栈顶指针
  link *p=head;
  while (p!=NULL)
  {  top++;                       // 进栈
    s[top]=p->data;
    p=p->next;
  }
  p=head;
  while (p!=NULL)
  {  if (p->data==s[top])
    {  top--;                     // 退栈
      p=p->next;}                 // 修改链表指针
    else
      retu 0;}                    // 非中心对称
    retu 1;                       // 中心对称
}
```

第 4 章

队　　列 ‹‹‹

4.1　知识点分析

1. 队列

① 队列是一种特殊的、只能在表的两端进行插入、删除操作的线性表。允许插入元素的一端称为队尾，允许删除元素的一端称为队首。

② 队列的逻辑结构和线性表相同，其最大特点是"先进先出"。

③ 队列的存储结构有顺序队列和链队列之分，要求掌握队列的 C 语言描述方法。

④ 重点掌握在顺序队列和链队列上实现：进队、出队、读队头元素、显示队列元素、判队空和判队满等基本操作。

⑤ 熟悉队列在计算机软件设计中的典型应用，能灵活应用队列的基本原理解决一些实际应用问题。

2. 顺序队列

① 顺序队列用内存中一组连续的存储单元顺序存放队列中各元素，一般用一维数组作为队列的顺序存储空间。除了队列的数据以外，一般还设有队首和队尾两个指针。

```
typedef  struct
{
   datatype Q[MAXLEN];
   int front=-1,rear=-1;              //定义队头、队尾指针，并置队列为空
}Queue;
```

② 顺序队列的缺点是存在"假溢出"现象。

3. 循环队列

① 为了解决顺序队列中的"假溢出"现象，把数组想象成一个首尾相连的环，即队首的元素 Q[0]与队尾的元素 Q[MAXLEN–1]连接起来，存储在其中的队列称为循环队列。

② 一般规定：当 front==rear 时，表示循环队列为空；当 front==(rear+1)%MAXLEN 时，表示循环队列为满。

③ 在定义结构体时，附设一个存储循环队列中元素个数的变量 n，当 n==0 时表示队空；当 n==MAXLEN 时表示队满。

循环队列的结构体类型定义：

```
typedef struct
{
```

```
   datatype data[MAXLEN];              //定义数据的类型及数据的存储区
   int   front,rear;                   //定义队头、队尾指针
   int   n;                            //用以记录循环队列中元素的个数
}csequeue;                             //循环队列变量名
```

④ 入队操作：p->rear=(p->rear+1)%MAXLEN。

⑤ 出队操作：p->front=(p->front+1)%MAXLEN。

4．链队列

① 队列的链式存储结构称为链队列（或链队）。链首结点为队头，链尾结点为队尾。

② 链队列的描述：

```
typedef struct queuenode
{
   datatype  data;
   struct  queuenode  *next;
}queuenode;                            //链队结点的类型 datatype
typedef struct
{
   queuenode  *front,*rear;
}linkqueue;                            //将头指针、尾指针封装在一起的链队
```

③ 若队头指针为 Q->front，队尾指针为 Q->rear，则队头元素的引用为 Q->front->data，队尾元素的引用为 Q->rear->data。

④ 初始时置 Q->front=Q->rear=NULL。

⑤ 入队操作，与链表中链尾插入操作一样；出队操作，与链表中链首删除操作一样。

⑥ 队空标志为 Q->front==NULL；对于链队列而言，一般不会出现队满。

4.2　典型习题分析

【例 4.1】 线性表、栈、队列有什么异同？

解： n 个（同类）数据元素的有限序列称为线性表。线性表的特点是数据元素之间存在"一对一"的关系。栈和队列都是操作受限制的线性表，它们和线性表的相同之处是数据元素之间都存在"一对一"的关系。

不同之处是：线性表允许在表中任意位置进行插入或删除操作。栈是只允许在一端（栈顶）进行插入或删除操作的线性表，其最大的特点是"后进先出"；队列是只允许在一端（队尾）进行插入、另一端（队首）进行删除操作的线性表，其最大的特点是"先进先出"。

【例 4.2】 队列 Q，经过下列运算后，x 的值是（　　　　）。

```
InitQueue(Q);                          //初始化队列
InQueue(Q,a);
InQueue(Q,b);
OutQueue(Q,x);
InQueue(Q,c);
OutQueue(Q,x);
ReadFront(Q,x);
```

A. a　　　　　　B. b　　　　　　C. c　　　　　　D. 1

分析：经过三次入队和两次出队运算以后，队中只有一个元素，即 c，最后执行读队头元素运算时，输出到 x 的值就是 c，所以选答案 C。

解：C。

【例 4.3】设栈 s 和队列 q 初态都为空，元素 *a*、*b*、*c*、*d*、*e*、*f* 依次进栈，元素出栈后即进入队列，若 6 个元素出队的序列是 *bdcfea*，则要求栈 s 的容量至少能存多少个元素？

分析：队列操作的原则是"先进先出"，按照题意出队的顺序应该是 *bdcfea*，所以入队的顺序也是 *bdcfea*。栈的操作原则是"后进先出"，要得到 *bdcfea* 的出栈次序，必须进行如图 1-4-1 所示的操作过程。由此可见栈的空间至少为 3。

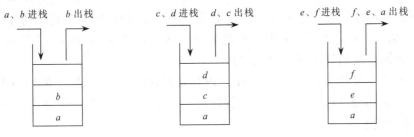

图 1-4-1　进栈、出栈过程

解：栈 s 的容量至少能存 3 个元素。

【例 4.4】循环队列存储在数组 A[0，…，MAXLEN−1]中，设 front 指向队头，rear 指向实际队尾的下一个元素的位置，写出通过队头、队尾指针表示的队列长度 qlen 的公式。

分析：当 rear≥front 时，队列长度 qlen=rear−front；当 rear<front 时，队列长度：qlen=MAXLEN +(rear−front)。

上述两种情况可以统一为：qlen=(MAXLEN +(rear−front))%MAXLEN。

解：qlen=(MAXLEN +(rear−front))%MAXLEN。

【例 4.5】循环队列存储在数组 A[0，…，MAXLEN−1]中，如果只设 rear 指向队尾的实际位置，qlen 表示队列的长度，则队头元素的位置 front 将如何表示？

分析：当 rear≥front 时，front=rear−qlen+1；当 rear<front 时，front=MAXLEN +rear−qlen+1。

综合上述两种情况，队头元素的位置 front 可以统一为：

$$front=(MAXLEN+rear-qlen+1)\%MAXLEN$$

解：front=(MAXLEN+rear−qlen+1)%MAXLEN。

【例 4.6】习题 4 填空题（16）：设循环队列的容量为 40（序号为 0～39），现经过一系列的入队和出队运算后，有 front=11，rear=19，则循环队列中还有_____个元素。

解：(*N*+rear−front)%*N*=(40+19−11)%40=8。

【例 4.7】设队列 q1 中已有数据，指出下述程序段的功能。

【程序代码】

```
Cirqueue q1,q2;            //Datatype 为 int 型
int x,i,n=0;
```

```
Initqueue(&q2);                        //初始化队列 q2
while(!Qempty(&q1))
{
    x=OutQueue(&q1);
    InQueue(&q2,x);
    n++;
}
for(i=0;i<n;i++)
{
    x=OutQueue(&q2);
    InQueue(&q1,x);
    InQueue(&q2,x);
}
```

分析：本程序段第一个循环是通过出队将队列 q1 的内容复制到队列 q2，但此时队列 q1 已为空，n 记录了队列中元素的个数；第二个循环是将队列 q2 的内容通过出队，将内容同时复制到队列 q1 和队列 q2。

解：本程序段的功能是将队列 q1 的内容复制到队列 q2，且 q1 的内容不变。

【例 4.8】习题 4 的第四题：写出程序运行的结果（队列中的元素类型为 char）。

【程序代码】

```
void main()
{
    Queue Q;
    InitQueue(Q);                      //初始化队列
    char x="E",y="C";
    InQueue(Q,"H");
    InQueue(Q,"R");
    InQueue(Q,y);
    OutQueue(Q,x);
    InQueue(Q,x);
    OutQueue(Q,x);
    InQueue(Q,"A");
    while(!QEmpty(Q))
    {
        OutQueue(Q,y);
        printf(y);
    }
    printf(x);
}
```

分析：本题主要是分清变量的内容进队，还是字符直接进队，以下是进队、出队的一些主要步骤，如图 1-4-2 所示。

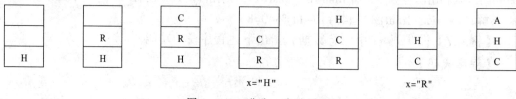

图 1-4-2　进队、出队过程

执行循环语句输出：CHA；执行 printf(x)语句输出变量 x 的值：R。最后的输出结果是：CHAR。

解：CHAR。

【例 4.9】勒让德多项式如下：

$$P_n(x)=\begin{cases} 1 & （当 n=0） \\ x & （当 n=1） \\ ((2n-1)P_{n-1}(x)-(n-1)P_{n-2}(x))/n & （当 n>1） \end{cases}$$

试写出它的递归和非递归算法。

【递归算法程序代码】

```c
float lrd(float x,int n)
{
  if(n==0)
    return 1;
  else
    if(n==1)
      return x;
    else
      return (2*n-1)*lrd(x,n-1)-(n-1)*lrd(x,n-2))/n;
}
```

【非递归算法程序代码】

```c
float lrd(float x,int n)
{
  float a,b,t,p,s;
  int i;
  if(n==0)
    t=1;
  else
  {
    t=x;
    s=x;
    p=1;
  }
  for(i=2;i<=n;i++)
  {
    a=2*i-1;
    b=i-1;
    t=(a*s-b*p)/i;
    p=s;
    s=t;
  }
  return t;
}
```

【例 4.10】已知 q 是一个非空顺序队列，s 是一个顺序栈，设计一个算法实现将队列中所有元素逆置。

分析：先将顺序队列 q 中所有元素出队并依次进入顺序栈 s 中，然后出栈并依次入队。设队列中的初始元素序列为：a_1，a_2，…，a_n，出队并进栈的次序也是：a_1，a_2，…，a_n，出栈并入队的序列为：a_n，a_{n-1}，…，a_1，则此时顺序队列 q 中的元素已逆置了。

【程序代码】

```c
#define MAXLEN 100
typedef  struct
{
    int data[MAXLEN];
    int front,rear;
}Quere;
void invert(Quere *q)
{
    int s[MAXLEN],top=0;              //初始化栈 s
    while(q->front<q->rear)           //q 中所有元素出队并依次进入顺序栈 s 中
        s[top++]=q->data[++q->front];
    q->front=-1;                      //置队空
    q->rear=0;
    while(top>0)                      //出栈并依次入队，实现逆置
        q->data[q->rear++]=s[--top];
}
```

4.3 习题 4 解答

一、判断题答案

题目	（1）	（2）	（3）	（4）	（5）
答案	√	√	×	√	×

二、填空题答案

（1）先进先出　　　　（2）队尾　　　　　　（3）队头

（4）空　　　　　　　（5）满　　　　　　　（6）−1

（7）NULL　　　　　　（8）不改变　　　　　（9）front==rear && front!=NULL

（10）$O(n)$　　　　　（11）$O(1)$　　　　　（12）0（说明队列非空）

（13）a　　　　　　　（14）循环队列　　　　（15）Q.front==Q.rear

（16）8　　　　　　　（17）front==(rear+1)%MAXLEN

（18）先移动队首指针，后取出元素　　　　（19）前一个位置

（20）P−>prior −>next=P;

三、选择题答案

题目	（1）	（2）	（3）	（4）	（5）	（6）	（7）	（8）	（9）	（10）
答案	D	B	A	B	A	B	C	D	B
题目	（11）	（12）	（13）	（14）	（15）	（16）	（17）	（18）	（19）	（20）
答案	B	B	A	A	C	A	C	B	B	D

四、答案

输出为：CHAR（分析过程见典型习题分析例 4.8）。

五、程序填空答案

（1）new qu   （2）x   （3）rear->next

（4）s   （5）rear->next

六、算法设计题答案

（1）分析：用一个循环数组 Queue[0，…，n-1]表示该循环队列，头指针为 front，计数器 count 用来记录队列中结点的个数。

【入队程序代码】

```
void inqueqe(int x)
{
  int temp;
  if(count==n)
    printf(" 队列上溢出\n");
  else
  {
    count++;
    temp=(front+count)%n;
    Queue[temp]=x;
  }
}
```

【出队程序代码】

```
int outqueue()
{
  int temp;
  if(count==0)
    printf(" 队列下溢出\n");
  else
  {
    temp=Queue[front];
    front=(front+1)%n;
    count--;
    return temp;
  }
}
```

（2）分析如下：

队列为空：count==0。

队列为满：count=MAXLEN。

队尾元素位置==(front+count)%MAXLEN。

队首元素位置==(front+1)%MAXLEN。

```
const MAXLEN=100;
int queue[MAXLEN];
int front,count;                    //定义队头和计数器 count
```

【初始化队列程序代码】

```
void init()
{
   front=1;
   count=0;
}
```

【判定队空程序代码】

```
int QEmpty()
{
   if(count==0)
      return (1);
   else
      return (0);
}
```

【读队头元素程序代码】

```
void ReadFront(int queue[],x)
{
   if(count==0)
      printf("队列下溢出\n");
   else
   {
      front=(front+1)%MAXLEN;
      x=queue[front];
   }
}
```

【入队程序代码】

```
void InQueue(int queue[],int x)
{
   int place;
   if(count==MAXLEN)
      printf("队列上溢出\n");
   else
   {
      count++;
      place=(front+count)%MAXLEN;
      queue[MAXLEN]=x;
   }
}
```

【出队程序代码】

```
void OutQueue(int queue[])              //删除队列头元素
{
   if(count==0)
      printf(" 队列下溢出\n");
   else
   {
      front=(front+1)%MAXLEN;
      count--;
```

```
    }
  }
```

（3）程序代码如下：

①【程序代码】

```
typedef struct linknode
{
    int data;
    struct linknode *next;
}qu;
qu *rear;
inqueue(int x)                                //向队列插入结点 x
{
    qu *head,*s;
    s=(qu *)new qu;                           //创建一个新结点
    s->data=x;
    if(rear==NULL)                            //若队空，则建立一个循环队列
    {
        rear=s;
        rear->next=s;
    }
    else                                      //若不为空，则将 s 插到后面
    {
        head=rear->next;
        rear->next = s;
        rear=s;                               //rear 始终指向最后一个结点
        rear->next = head;
    }
}
```

②【程序代码】

```
void delqueue(rear)
{
    if(rear==NULL)
        printf("队列下溢出!\n");
    else
    {
        head=rear->next;                      //head 指向队首结点
        if(head==rear)
            rear=NULL;                        //只有一个结点则直接删除该结点
        else
            rear->next=head->next;            //否则删除第一个结点
        delete head;                          //释放队首结点
    }
}
```

（4）由于栈后进先出的特点，为了模拟先进先出的队列，必须用到两个栈：一个用插入，另一个用于删除。每次删除元素时，应将前一个栈的所有元素读出，然后进入第二个栈。栈的数据类型为 SeqStack，算法描述如下：

【进队程序代码】

```
Void Inqueue(stack s1,elemtype x)
{ if (s1.top>=maxsize)
   cout<< "overflow" ;
 else
 push(s1,x);                              // 进栈代替进队
}
```

【出队程序代码】

```
Void Delqueue(stack s1,stack2)
{ elemtype x;
   s2.top=0;                             // 栈 s2 初始化
   while (!empty(s1))
   { x=readtop(s1);                      // 取栈顶元素
     push(s2,x);                         // 进栈
     pop(s1);                            // 退栈
   }
   pop(s2);                              // 退栈，类似于出队
   while (!empty(s2))
   { x=readtop(s2);                      // 取栈顶元素
     push(s1,x);                         // 进栈
     pop(s2);                            // 退栈

}
```

【判空程序代码】

```
Void emptyqueue(stack s1)
{ if (empty(s1))
   return 1;
 else
   return 0;
}
```

第 5 章

串 <<<

5.1 知识点分析

1．串的定义

串是由零个或多个任意字符组成的有限序列。一般记作：s="$a_1 a_2 \cdots a_i \cdots a_n$"。其中，s 是串名，用双引号括起来的字符序列为串值，但引号本身并不属于串的内容。a_i（$1 \leqslant i \leqslant n$）是一个任意字符，它称为串的元素，是构成串的基本单位，i 是它在整个串中的序号；n 为串的长度，表示串中所包含的字符个数。

2．术语

（1）长度

串中字符的个数，称为串的长度。

（2）空串

长度为零的字符串称为空串。

（3）空格串

由一个或多个连续空格组成的串称为空格串。

（4）串相等

两个串相等，是指两个串的长度相等，且每个对应字符都相等。

（5）子串

串中任意连续的字符组成的子序列称为该串的子串。

（6）主串

包含子串的串称为该子串的主串。

（7）模式匹配

子串的定位运算又称串的模式匹配，是一种求子串的第一个字符在主串中序号的运算。被匹配的主串称为目标串，子串称为模式。

3．串的基本运算

① 求串长：LenStr(s)。

② 串连接：ConcatStr(s1,s2)。

③ 求子串：SubStr (s,i,len)。

④ 串比较：EqualStr (s1,s2)。

⑤ 子串查找：IndexStr (s,t)，找子串 t 在主串 s 中首次出现的位置（也称模式匹配）。

⑥ 串插入：InsStr (s,t,i)。

⑦ 串删除：DelStr(s,i,len)。

4. 串的存储

① 定长顺序存储。

② 链接存储。

③ 串的堆分配存储。

5.2 典型习题分析

【例 5.1】下面关于串的叙述中，不正确的是（　　　　）。

A. 串是字符的有限序列

B. 空串是由空格构成的串

C. 模式匹配是串的一种重要运算

D. 串既可以采用顺序存储，也可以采用链式存储

分析：空串是不含任何字符的串，即空串的长度是零。空格串是由空格组成的串，其长度等于空格的个数。答案为 B。

解：B。

【例 5.2】两个串相等的充分必要条件是（　　　　）。

A. 两个串长度相等　　　　　　　　B. 两个串有相同字符

C. 两个串长度相等且有相同字符　　　D. 以上结论均不正确

分析：根据串相等定义，两个串相等是指两个串的长度相等且对应字符都相等，故 A、B、C 均不正确，答案为 D。

解：D。

【例 5.3】串链式存储的优点是＿＿＿①＿＿＿；缺点是＿＿＿②＿＿＿。

分析：由链式存储结点特点可以得到：①插入、删除方便；②浪费空间。

注意：这里串的链式存储是指结点元素为一个字符的链串，如果结点元素字符数大于 1，插入和删除同样不方便，但空间利用率可以提高。

解：①插入、删除方便；②浪费空间。

【例 5.4】设 S="abccdcdccbaa"，T="dccb"，则第＿＿＿＿＿次匹配成功。

分析：由字符串模式匹配概念，匹配过程如下：

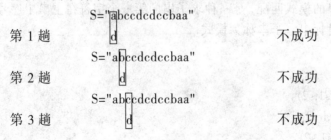

S="abccdcdccbaa"
第 1 趟 　　　　　d　　　　　　　　　不成功

S="abccdcdccbaa"
第 2 趟 　　　　　d　　　　　　　　　不成功

S="abccdcdccbaa"
第 3 趟 　　　　　d　　　　　　　　　不成功

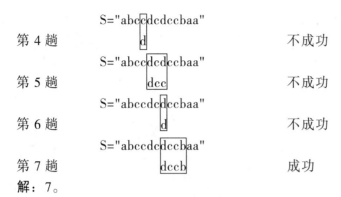

	S="abccdcdccbaa"	
第4趟	d	不成功
	S="abccdcdccbaa"	
第5趟	dcc	不成功
	S="abccdcdccbaa"	
第6趟	d	不成功
	S="abccdcdccbaa"	
第7趟	dccb	成功

解：7。

【**例 5.5**】利用函数 LenStr(s)、SubStr (s,i,len)和 ConcatStr(s1,s2)写一算法 void StrInsert(char *S，char *T, int i)，将串 T 插入到串 S 的第 i 个位置上。若 i 大于 S 的长度，则不执行插入。请在横线处填写语句，完成此程序。

【**程序代码**】

```
void InsStr(char *S,char *T,int i)          //将串 T 插入到串 S 的第 i 个位置上
{
  char *Temp;
  Temp=(char *)malloc(sizeof(char[Maxsize]));   //设置一个临时串
  if(i<=LenStr(S))
  {
         ①        ;        //将第 i 位起以后的字符复制到临时串中
    S=      ②      ;        //将串 T 复制到串 S 的第 i 个位置处，覆盖后面的字符
    S=      ③      ;        //把临时串中的字符连接到串 S 后面
    free(Temp);
  }
}
```

分析：

① 因为是将串 S 第 i 个位置起以后字符复制到临时串变量 Temp 中，则采用求子串的方法，即 Temp=SubStr(S,i,LenStr(S))。

② 因为将串 T 复制到串 S 的第 i 个位置处，覆盖后面的字符采用串连接方法，即 ConcatStr (SubStr(S,0,i−1),T)。

③ 再采用串连接的方法，即 ConcatStr(SubStr(S,0,i−1),Temp)。

解：① Temp=SubStr(S,i,LenStr(S))。

② ConcatStr(SubStr(S,0,i−1),T)。

③ ConcatStr(S,Temp)。

【**例 5.6**】链式串上的子串定位。

分析：由于是链式串，所以对元素的存储表示与顺序存储串不同，在链式串中不是用下标指示元素，而是用指针指向元素。

【**程序代码**】

```
typedef struct node
{
  char data;
  struct node *next;
}LinkStrNode,*LinkStr;
```

```
LinkStrNode *LinkStrIndex(LinkStr T,LinkStr P)
                                   //在链式串上求模式P在目标中首次出现的位置
{
    LinkStrNode pos,*t,*p;
    pos=T;                         //pos表示位移
    t=pos;
    p=P;
    while(t&&p)
    {
        if(t->data==p->data)       //继续比较后续结点中的字符
        {
            t=t->next;
            p=p->next;
        }
        else                       //已确定pos为无效位移
        {
            pos=pos->next;         //模式后移,继续判断pos是否为有效位移
            t=pos;
            p=P;
        }
    }
    if(p==NULL)
        return  pos;               //匹配成功
    else
        return  NULL;              //匹配失败
}
```

【例5.7】一个文本串可用事先给定的字母映射表进行加密,例如,设字母映射表为:

```
a b c d e f g h i j k l m n o p q r s t u v w x y z
n g z q t c o b m u h e l k p b a w x f y I v r s j
```

则字符串"encrypt"被加密为"tkzwsbf"。试写一算法将输入的文本串进行加密后输出;
另写一算法,将输入的加密文本串进行解密后输出。

【程序代码】

```
typedef struct
{
    char ch[2],[MaxStrSize];           //放字母映射表
    int length;
}SeqString;
void Encoding(char *S,seqString T)
{
    int i,j;
    int m=T.length;                    //字母表长
    int n=strlen(S);                   //求文本的长度
    for(i=0;i<n;i++)
    {
        for(j=0;j<m;j++)
            if(S[i]==T.ch[0][j])
            {
                printf("%c",T.ch[1][j]);
                break;
```

```
        }
        if(j==m)
            printf("%c is not in alphabet",S[i]);
    }
}
void DeCoding (char *S,seqString T)        //串 S 是待解密的文本
{
    int i,j;
    int m=T.length;
    int n=strlen(S);
    for(i=0;i<n;i++)
    {
        for(j=0;j<m;j++)
            if(S[i]==T.ch[1][j])
            {
                printf("%c",T.ch[0][j]);
                break;
            }
        if(j==m)
            printf("%c is not in alphabet",S[i]);
    }
}
```

【例 5.8】若 S 和 T 是用结点大小为 1 的单链表存储的两个串,试设计一个算法找出 S 中第一个不在 T 中出现的字符。

分析:查找过程是这样的:取 S 中的一个字符(结点),然后和 T 中所有的字符一一比较,直到比完仍没有相同的字符时,查找过程结束,否则再取 S 中下一个字符,重新进行上述比较过程。

【程序代码】

```
typedef  struct node
{
    char data;
    struct node *next;
}LinkStrNode;
char SearchNo(LinkStrNode *S, LinkStrNode *T)     //查找不在 T 中出现的字符
{
    LinkStrNode *p,*q;
    p=S;
    q=T;
    while(p)                                       //取 S 中结点字符
    {
        while(q&&p->data!=q->data)                 //进行字符比较
        q=q->next;
        if(q==NULL)
            return  p->data;                       //找到并返回字符值
        q=T;                                       //指针恢复串 T 的开始结点
        p=p->next;
    }
    printf("there's no such character.\n");
    return NULL;
```

```
}
```

5.3 习题 5 解答

一、判断题答案

题目	（1）	（2）	（3）	（4）	（5）
答案	×	√	×	×	√

二、填空题答案

（1）字符串（或串）　　　　（2）一个或多个空格字符（3）堆分配存储

（4）效率低　　　　　　　　（5）空间利用率低　　　　（6）链串

（7）空间利用率低　　　　　（8）'\0'　　　　　　　　（9）字符都相同

（10）8　　　　　　　　　　（11）Today is 30 July,2005

（12）July　　　　　　　　　（13）<0　　　　　　　　　（14）0

（15）模式匹配　　　　　　　（16）模式　　　　　　　　（17）有效位移

（18）0　　　　　　　　　　（19）6　　　　　　　　　　（20）$O(n+m)$

三、选择题答案

题目	（1）	（2）	（3）	（4）	（5）	（6）	（7）	（8）	（9）	（10）
答案	B	B	C	B	A	D	A	B	A	B
题目	（11）	（12）	（13）	（14）	（15）	（16）	（17）	（18）	（19）	（20）
答案	D	C	D	C	D	B	A	B	D	C

四、程序题填空答案

（1）① MAXLEN　　　　　　② r2->len　　　　　　③ r1->len+i

　　④ '\0'　　　　　　　　⑤ r1->len+r2->len

（2）① !=　　　　　　　　② &&　　　　　　　　③ !=

　　④ tag=0　　　　　　　⑤ i++

（3）① s->len　　　　　　② s->len　　　　　　③ k

　　④ \0　　　　　　　　⑤ $i-1$

五、编程题答案

（1）① 分析：从头至尾扫描 r 串，对于值为 ch1 的元素直接替换成 ch2 即可。

【程序代码】

```
str *trans(str *r,char ch1,char ch2)
{
    int i;
    for(i=0;i<r->len;i++)
        if(r->vec[i]==ch1)
            r->vec[i]=ch2;
    return (r);
}
```

② 分析：将第一个元素与最后一个元素交换，第二个元素与倒数第二个元素交

换，依此类推，便将该串的所有字符反序了。

【程序代码】

```
str *invert(str *r)
{
   int i;
   char x;
   for(i=0;i<(r->len%2);i++)
   {
       x=r->vec[i];
       r->vec[i]=r->[r->len-i+1];
       r->vec[r->len-i+1]=x;
   }
   return (r);
}
```

③ 分析：从头到尾扫描 r 串，对于值为 ch 的元素用移动的方式进行删除。

【程序代码】

```
str *delall(str *r,char ch)
str *r;
char ch;
{
   int i,j;
   for(i=0;i<r->len;i++)
     if(r->vec[i]==ch)
     {
         for(j=i;j<r->len;j++)
            r->vec[i]=r->vec[i+1];
         r->len=r->len-1;
     }
   return (r);
}
```

④ 分析：从第 index 个元素开始扫描 r1，当其元素值与 r2 的第一个元素的值相同时，判定它们之后的元素值是否依次相同，直到 r2 结束为止，若都相同则返回，否则继续上述过程直到 r1 扫描完为止。

【程序代码】

```
int partposition(str r2,str r1,int index)
{
   int i,j,k;
   for(i=index;r1->vec[i];i++)
     for(j=i,k=0;r1->vec[j]==r2->vec[k];j++,k++)
       if(!r2->vec[k+1])
          return (i);
   return (-1);
}
```

⑤ 分析：从位置 1 开始调用第④题的函数 partposition()，若找到了一个相同子串，则调用 delsubstring()，再用相同的方法查找后面位置的相同子串。

【程序代码】

```
str *delstringall(str r,str r3)
{
   int i=0;
   while(i<r->len)
   {
      if(partposition(r,r3,i)!=-1)
         delsubstring(r,i,r3->len);
      i++;
   }
}
```

⑥ 分析：两个串相等的条件是两个串的长度相等，且两个串的对应的字符必须都相同。

【程序代码】

```
int same(str x,str y)
{
   int i=0,tag=1;
   if(x->len!=y->len)
      return (0);
   else
   {
      while(i<x->len&&tag)
      {
         if(x->vec[i]!=y->vec[i])
            tag=0;
         i++;
      }
      return(tag);
   }
}
```

（2）【程序代码】

```
#include "stdio.h"
typedef struct
{
   char *head;
   int length;
}Hstring;
void isPalindrome(Hstring s)
{
   int i=0;
   int j=s.length-1;
   while(j-i>=1)
   {
      if(s.head[i]==s.head[j])
      {
         i++;
         j--;
         continue;
```

```
        }
        else
            break;
    }
    if(j-i>=1)
        printf("It is not a palindrome\n ");
    else
        printf("It is a palindrome\n");
}
```

（3）【程序代码】

```
#include "stdio.h"
#include "string.h"
typedef struct
{
    char *head;
    int length;
}Hstring;
char *DeleteSubString(Hstring S,Hstring T)
{
    int i=0;
    int j,k;
    int Slength=S.length;
    int Tlength=T.length;
    char *tail;
    while(i<=Slenght-Tlength)
    {
        j=0;
        k=i;
            while(j<Tlength&&S.head[k]==T.head[j])    //在位移i用朴素模式匹配
            {
                j++;
                k++;
            }
            if(j==Tlength)                            //若匹配则执行下面的程序
            {
                if(i==0)                              //若位于头位置则改变头指针
                {
                    S.head=S.head+Tlength;
                    S.length-=Tlength;
                    Slength-=Tlength;
                    i=0;
                }
                else if(i+Tlength<Slength)            //若位于中间则拼接两端
                {
                    tail=S.head+i+Tlength;
                    strcpy(S.head+i,tail);
                    S.length-=Tlength;
                    Slength-=Tlength;
                }
```

```
        else                            //若位于尾部则舍去
            strncpy(S.head+i,"\0",1);
    }
    else                            //若不匹配则i加1
        i++;
    }
    return S.head;
}
```

（4）【程序代码】

```
#include "stdio.h"
#include "string.h"
int Find_word(char *text,const char *word)
{
    int textlength=strlen(text);
    int wordlength=strlen(word);
    int i,j,k;
    int count=0;
    for(i=0;i<textlength-wordlength;i++)
    {
        j=0;
        k=i;
    }
    while(j<wordlength&&text[k]==word[j])    //朴素模式匹配
    {
        j++;
        k++;
    }
    if(j==wordlength&&word[j]=='\0')         //匹配成功计数器加1
        count++;
    return count;
}
```

（5）【程序代码】

```
int count(char r[100])
{ char p,n;
    int num;
    int j;
    p=' ';
    num=0;
    for(j=0;j<100;j++)
    { n=r[j];
        if ((n!=' ')&&(p==' '))
            num++;
        p=n;
    }
    return num;
}
```

第 6 章

多维数组和广义表 <<<

6.1　知识点分析

1．多维数组概念

多维数组是向量的推广，对于二维数组 $A_{m \times n}$ 既可以看成 m 行向量组成的向量，也可以看成 n 列向量组成的向量。多维数组在计算机中有两种存储形式：按行优先顺序存储和按列优先顺序存储。

2．多维数组的存储

二维数组 a_{ij} 的地址为：$\text{LOC}(a_{ij}) = \text{LOC}(a_{00}) + (i \times n + j) \times d$（0 下标起始的语言）。

三维数组 a_{ijk} 的地址为：$\text{LOC}(a_{ijk}) = \text{LOC}(a_{000}) + (i \times n \times p + j \times p + k) \times d$（0 下标起始的语言）。其中，$d$ 为每个数据元素占有的字节数。

3．特殊矩阵

在矩阵中非零元素或零元素的分布有一定规律的矩阵称为特殊矩阵，如三角矩阵、对称矩阵、稀疏矩阵等。当矩阵的阶数很大时，用普通的二维数组存储这些特殊矩阵将会占用很多的存储单元。从节约存储空间的角度考虑，下面为特殊矩阵的一些常用存储方法。

（1）对称矩阵

对称矩阵是一种特殊矩阵，n 阶方阵的元素满足性质：$a_{ij} = a_{ji}$（$0 \leqslant i$，$j \leqslant n-1$）。对称矩阵是关于主对角线的对称，因此只需存储上三角或下三角部分的数据即可。

（2）三角矩阵

三角矩阵的特殊性是以主对角线划分矩阵。下三角矩阵即主对角线以上均为同一个常数；上三角矩阵即主对角线以下均为同一个常数，可以采用压缩存储。

（3）稀疏矩阵

在 $m \times n$ 的矩阵中有 t 个非零元素，且 t 远小于 $m \times n$，这样的矩阵称稀疏矩阵。为了节约存储空间，稀疏矩阵中零元素无须需存储，只需存储矩阵中的非零元素。稀疏矩阵常用的有：三元组表存储、带行指针的链表存储、十字链表存储等存储方法。

4．广义表

广义表是 n（$n \geqslant 0$）个数据元素的有序序列，广义表的元素可以是单元素，也可以是一个广义表。由于广义表的元素有两种形式，所以其结点的存储形式也有两种：

① 表结点由标志域、表头指针域、表尾指针域组成。

② 原子结点由标志域和值域组成。

5. 广义表与线性表的区别和联系

线性表是具有相同类型的 n 个数据元素的有限序列，记为 a_1, a_2, a_3, $\cdots$, a_n。广义表也是 n 个数据元素的有限序列，记为 a_1, a_2, a_3, $\cdots$, a_n。线性表中的元素必须具有相同的类型，而广义表中的成员，既可以是单个元素（原子），也可以是一个广义表（子表）。当广义表中的每一个 a_i 元素都是数据元素，且具有相同类型时，则它就是一个线性表，因此可以说广义表是线性表的一种推广，或者说线性表是广义表的一个特例。

6.2 典型习题分析

【例 6.1】 设二维数组 $A_{5 \times 6}$ 的每个元素占 4 个字节，存储器按字节编址。已知 A 的起始地址为 2 000，计算：

① 求数组的大小。

② 求 A 的终端结点 a_{45} 的存储地址。

③ 按行优先顺序存储时，求 a_{25} 的存储地址。

④ 按列优先顺序存储时，求 a_{25} 的存储地址。

解： ① 数组的大小（即数组 A 共占多少字节）：$5 \times 6 \times 4 = 120$ B。

② 一个结点 a_{ij} 的存储地址是该结点所占用的存储空间的第一个字节的地址（即起始地址），它等于：基地址+排在 a_{ij} 之前的结点个数×每个结点所占用的字节数。

a_{45} 的存储地址为：$\mathrm{LOC}(a_{45}) = 2\ 000 + (4 \times 6 + 5) \times 4 = 2\ 116$。

③ 在按行优先顺序存储时，排在 a_{ij} 之前的结点的个数为：在前 i 行（即 $0 \sim i-1$ 行）上共有 $i \times n$ 个结点，在第 i 行上 a_{ij} 之前有 j 个结点（$0 \sim j-1$ 列）。所以，按行优先存储的地址计算公式为： $\mathrm{LOC}(a_{ij}) = \mathrm{LOC}(a_{00}) + (i \times n + j) \times d$。

a_{25} 的存储地址为：$\mathrm{LOC}(a_{25}) = 2\ 000 + (2 \times 6 + 5) \times 4 = 2\ 068$。

④ 在按列优先顺序存储时，排在 a_{ij} 之前的结点的个数为：在前 j 列（即 $0 \sim j-1$ 列）上共有 $j \times m$ 个结点，在第 j 列上 a_{ij} 之前有 i 个结点（$0 \sim i-1$ 行）。所以，按列优先存储的地址计算公式为： $\mathrm{LOC}(a_{ij}) = \mathrm{LOC}(a_{00}) + (j \times m + i) \times d$。

a_{25} 的存储地址为：$\mathrm{LOC}(a_{25}) = 2\ 000 + (5 \times 5 + 2) \times 4 = 2\ 108$。

【例 6.2】 特殊矩阵和稀疏矩阵哪一种压缩存储后会失去随机存储功能？为什么？

解： 对于像三角矩阵等特殊矩阵由于压缩存储时将其存储在一个线性数组向量中，矩阵元素 a_{ij} 的下标 i、j 与它在向量中的对应元素 b_k 下标 k 有一对应关系，故不会失去随机存储功能。而像稀疏矩阵，其压缩存储的方式是将其非零元素存储在一个三元组中，以三元组数组 $a[k]$ 形式存储，矩阵元素 a_{ij} 下标 i、j 与数组中对应元素 $a[k]$ 行下标 k 无对应关系，故失去随机存储功能。

【例 6.3】 求矩阵的转置矩阵。

分析： 对于一个 $m \times n$ 的矩阵 A_{mn}，其转置矩阵是一个 $n \times m$ 的矩阵 B_{nm}，且 $B[i][j] = A[j][i]$，$0 \leqslant i < n$，$0 \leqslant j < m$。

【程序代码】

```
void trs(A,B)
maxix A,B;
{ int i,j;
   for(i=0;i<m;i++)
      for(j=0;j<n;j++)
         B[j][i]=A[i][j];
}
```

【例 6.4】求两个矩阵的乘积。

分析：设两个矩阵相乘：$C=A \times B$，其中，A 是一个 $m \times n$ 的矩阵，B 是一个 $n \times k$ 的矩阵，则 C 为一个 $m \times k$ 的矩阵。

【程序代码】

```
void mut(C,A,B)
maxix A,B,C;
{
   int i,j,k;
   for(i=0;i<m;i++)
      for(j=0;j<k;j++)
      {
         C[i][j]=0;
         for(k=0;k<n;k++)
            C[i][j]=C[i][j]+A[i][k]*B[k][j];
      }
}
```

【例 6.5】若矩阵 $A_{m \times n}$ 中存在一个元素 a_{ij}，满足 a_{ij} 是第 i 行最小的元素，且是第 j 列最大的元素，则称 a_{ij} 是矩阵 A 的鞍点，编写一个算法，找出矩阵 A 的所有鞍点。

分析：找矩阵 A 的所有鞍点的基本思想是：先逐行找出本行值最小的元素，确定其所在的列，并在此列中找值最大的元素，若两者值相等，即找到一个鞍点。

【程序代码】

```
void Spoint(int *a,int m,int n)
{
   int i,j,k,c,max,min,r=0;
   for(i=0;i<m;i++)
   {
      min=a[i][0];                        //假设 a[i][0] 为最小
      c=0;
      for(j=1;j<n;j++)                     //本循环找出本行值最小的元素
         if(a[i][j]<min)
         {
            min=a[i][j];
            c=j;                           //c 记录最小值的列值
         }
      max=a[0][c];
      for(k=1;k<m;k++)                     //本循环找出本列值最大的元素
         if(a[k][c]>max)
            max=a[k][c];
      if(max==min)                         //max==min，即鞍点
      {
         printf("\ni=%d,j=%d,a[i][j]=%d",i,j,max);
         r++;                              //r 记录鞍点的个数
      }
```

```
    }
    if(r==0)
        printf("\n no saddlepointer");            //无鞍点
}
```

【例 6.6】试编写一个在以 H 为头的十字链表中查找数据为 k 的结点的算法。

分析：每个非零元素作为一个结点，结点中除了
表示非零元素所在的行（i）、列（j）、值（v）的三元
组以外还有两个指针域，其结构如图 1-6-1 所示。其
中，列指针域 down 用来指向本列中下一个非零元素；
行指针域 right 用来指向本行中下一个非零元素。

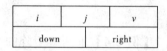

图 1-6-1　十字链表的结点结构

【程序代码】

```
typedef struct node
{
    int row,col;                                //定义行、列
    struct node *down,*right;                   //定义列指针、行指针
    union                                       //定义一个共用体
    {
        int v;                                  //定义值域
        struct node *next;                      //表头结点使用的 next 域
    }tag;
};
int Searchmat(struct node *H,int k,int *rown,int *coln)
{
    struct node *p,*q;
    p=H->tag.next;
    while(p!=H)
    {
        q=p->right;
        while(p!=q)
        {
            if(q->tag.v==k)                     //查找成功处理
            {
                *rown=q->row;
                *coln=q->col;
                return 1;
            }
            q=q->right;
        }
        p=p->tag.next;
    }
    return 0;
}
main()                                          //主函数
{
    struct node *H;
    int i,j,k;
    H=Createmat();                              //设创建十字链表的函数 Createmat()已存在
    printf("输入要查找的值: ");
    scanf("%d",&k);                             //输入要查找的值
    if(Searchmat(H,k,&i,&j))                    //调用查找函数
        printf("%d 在第%d 行第%d 列\n",k,i,j);
    else
        printf("查无此值! ");
}
```

【例6.7】画出广义表 A(a,B(b,d),C(e,B(b,d),L(A,f,g)))的图形表示。

分析： 在广义表中为了把单元素和表区分开，一般用小写字母表示元素，用大写字母表示子表；在画图时用圆圈表示表，用方框表示元素，并用线段把表和它的元素连接起来，则可以得到如图 1-6-2 所示广义表的图形表示。

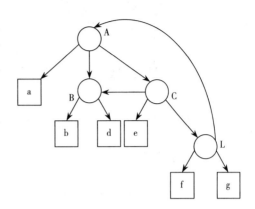

图 1-6-2　广义表图形

解：

【例6.8】已知广义表 LS=((a,b,c),(d,e,f,g))，写出用取表头（Head()）和取表尾（Tail()）函数取出原子 e 的运算。

分析： L1=Tail(LS)=((d,e,f,g))。

L2=Head(L1)=(d,e,f, g)。

L3=Tail(L2)=(e,f,g)。

L4=Head(L3)=e。

所以，取出原子的运算是 Head(Tail(Head(Tail(L2))))=e。

解： Head(Tail(Head(Tail(L2))))=e。

【例6.9】设广义表 D=(a,b,c,D)，求它的长度和深度。

广义表 D 的长度为 4，其中第一、第二、第三项为原子项，第四项是本身，这样的广义表又称递归表，它的深度为 ∞ 。

【例6.10】广义表 A=((x,(a,b)),(x,(a,b),y))，则运算 head(head(tail(A))) 的结果为（　　　）。

A. x　　　　　　B. (a,b)　　　　　　C. (x,(a,b))　　　　　　D. a

分析： 因为 tail(A)=(x,(a,b),y)；head(tail(A))=(x)；head(head(tail(A)))=x，所以答案应选 A。

解： A。

【例6.11】写一个算法，判断广义表中左、右括号是否配对。

分析： 可以将广义表视为一个字符串，依次扫描字符串中的字符，遇到"（"时入栈，遇到"）"时出栈。扫描完毕，若栈空说明括号配对；否则，括号不配对。

【程序代码】

```
int BracketMatch(char *s)              //s为广义表
{
  char *c;
  SeqStack T;
  c=S;
  InitStack(&T);                       //初始化栈
  while(*c!='\0');
  {
    if(*c=='(')
      Push(&T,*c);
    else
      if(*c==')')
        if(StackEmpty(&T))
          return (0);                  //栈空，不能匹配，返回0
        else
```

```
                Pop(&T);
        c++;
    }
    if(StackEmpty(&T))
        return (0);                        //栈不空，说明括号不配对，返回 0
    else
        return (1);                        //栈空，说明括号配对，返回 1
}
```

6.3 习题 6 解答

一、判断题答案

题目	（1）	（2）	（3）	（4）	（5）
答案	√	×	√	×	√

二、填空题答案

（1）按列优先顺序存储　　　　　（2）n　　　　　　　　（3）随机

（4）LOC[1,2]=2 000+(1×4+2)×4=2024　　　　（5）$O(n \times m)$

（6）$n(n-1)/2$　　　　　　　（7）$n(n-1)/2+1$　　　　　（8）稀疏矩阵

（9）3　　　　　　　　　　（10）n　　　　　　　（11）行数

（12）4　　　　　　　　　　（13）十字链表　　　　　（14）广义表（或子表）

（15）$((b),((c,(d))))$　　　　　（16）b　　　　　　　　　（17）head(tail(tail(head(L))))

（18）3　　　　　　　　　　（19）4　　　　　　　　　（20）∞

三、选择题答案

题目	（1）	（2）	（3）	（4）	（5）	（6）	（7）	（8）	（9）	（10）
答案	D	D	D	B	A	B	D	B	B	D
题目	（11）	（12）	（13）	（14）	（15）	（16）	（17）	（18）	（19）	（20）
答案	C	A	B	A	C	D	C	B	A	C

四、算法阅读题答案

（1）分析：注意 k 的变化依次为：0、2、5、9、14，正好是 a_{ii} 在 A 中的存储位置。在循环中 k 每次增加 $i+2$。

第 i 行主对角线上的元素 a_{ii}，其在 A 中的位置为：

$$i(i+1)/2+i; \hspace{4cm} （1）$$

第 $i+1$ 行主对角线上的元素 $a_{i+1\ i+1}$，其在 A 中的位置为：

$$(i+1)(i+2)/2+(i+1); \hspace{3cm} （2）$$

式（2）-式（1）得：$i-2$。

（2）程序填空：

① a->t<=0　　　　② col<0 || col >=a->n　　　　③ k=0

④ k++　　　　　　⑤ sum + a->data[k].v

五、编程题答案

（1）【程序代码】

```
#include "stdio.h"
```

```
#define ERROR -99999
typedef struct
{
   int row;
   int col;
   int data;
}Triple;
int MDSum(Triple *a)
{
   int i;
   int sum=0;
   if(a[0].row!=a[0].col)
      return ERROR;
   for(i=1;i<=a[0].data;i++)
   {
      if(a[i].row==a[i].col)
         sum+=a[i].data;
   }
   return sum;
}
```

（2）分析：设 j 为原子个数，则求广义表中原子元素个数的算法可递归定义如下：

$$j=\begin{cases} 0 & （\text{LS 为空}） \\ \text{表尾原子元素个数}+1 & （\text{LS 非空且表头为原子元素}） \\ \text{表头子表原子元素个数}+\text{表尾原子元素个数}+1 & （\text{LS 非空且表头子表}） \end{cases}$$

【程序代码】

```
int atomnum(Gnode *head)
{
   if(head==NULL)
      return 0;
   if(head->tag==0)
      return (atomnum(head->next)+1);
   else
      return (atomnum(head->next)+atomnum(head->v.sublist));
}
```

（3）【程序代码】

```
int maxele(Gnode *head)
{
   int m=0,a;
   while(head)
   {
      if(head->tag==1)
      {
         a=maxele(head->v.sublist);
         if(a>m)
            m=a;
      }
      else
         if(head->v.data>m)
            m=head->v.data;
      head=head->next;
   }
   return m;
}
```

（4）矩阵相加就是将两个矩阵中同一位置的元素值相加。由于两个稀疏矩阵的非零元素按三元组表形式存放，在建立新的三元组表 C 时，为了使三元组仍然按行优先排列，所以每次插入的三元组不一定是 A 的，按照矩阵元素的行列去找 A 中的三元组，若有，则加入 C，同时，这个元素在 B 中也有，则加上 B 的这个元素值，否则这个值就不变；如果 A 中没有，则找 B，有则插入 C，无则查找下一个矩阵元素。

【程序代码】

```
#define SMAX 10                              // 定义一个足够大的三元组表
tyoedef struct SPNode
{ int i,j,v;                                 // 三元组非零元素的行、列和值
};
typedef struct
{ int m,n,t;                                 // 矩阵行，列及三元组表长度
  SPNode data[SMAX];
}TriTupleNode;
// 以下为矩阵加法
Void AddTriTuple(TriTupleTabl *A, TriTupleTabl *B, TriTupleTabl *C)
{ int k,l;
  int temp;
  C->m=A->m;                                 // 矩阵行数
  C->n=A->n;                                 // 矩阵列数
  C->t=0;
  k=0;
  l=0;
  while (k<A->t && l<B->t)
    {if ((A->tata[k].i==(B->tata[l].i)&&(A->tata[k].j==(B->tata[l].j))
      { temp=A->tata[k].v+B->tata[l].v;
        if (!temp)                           // 相加不为零，加入 C
          { C->tata[C->t].i=A->tata[k].i;
            C->tata[C->t].j=A->tata[k].j;
            C->tata[C->t++].v=temp;}
      K++;
      l++;}
    if ((A->tata[k].i==(B->tata[l].i)&&(A->tata[k].j<(B->tata[l].j))||
      (A->tata[k].i<B->tata[l].i)                // 将 A 中三元组加入 C
      { C->tata[C->t].i=A->tata[k].i;
        C->tata[C->t].j=A-tata[k].j;
        C->tata[C->t++].v=A->tata[k].v;
        k++;}
    if ((A->tata[k].i==(B->tata[l].i)&&(A->tata[k].j>(B->tata[l].j))||
      (A->tata[k].i>B->tata[l].i)                // 将 B 中三元组加入 C
      { C->tata[C->t].i=B->tata[l].i;
        C->tata[C->t].j=B->tata[l].j;
        C->tata[C->t++].v=B->tata[l].v;
        l++;}
  while (k<A->t)                             // 将 A 中剩余三元组加入 C
    { C->tata[C->t].i=A->tata[k].i;
      C->tata[C->t].j=A->tata[k].j;
      C->tata[C->t++].v=A->tata[k].v;
      k++;}
  while (k<A->t)                             // 将 B 中剩余三元组加入 C
    { C->tata[C->t].i=B->tata[l].i;
      C->tata[C->t].j=B->tata[l].j;
      C->tata[C->t++].v=B->tata[l].v;
      l++;}
}
```

树和二叉树 ‹‹‹

7.1　知识点分析

1．树的定义和术语

（1）树

树是 n（$n \geq 0$）个有限数据元素的集合。在任意一棵非空树 T 中，有且仅有一个特定的称为树根的结点（根结点无前驱结点）；当 $n>1$ 时，除根结点之外的其余结点被分成 m（$m>0$）个互不相交的集合 T_1，T_2，…，T_m，其中，每一个集合 T_i（$1 \leq i \leq m$）本身又是一棵树，并且称为根的子树。

（2）结点

树的结点包含一个数据及若干指向其子树的分支。

（3）结点的度

一个结点所拥有的子树数称为该结点的度。

（4）叶子（终端结点）

度为零的结点称为终端结点，也称为叶子。

（5）树的度

树中各结点度的最大值称为该树的度。

（6）树的深度

树中结点的最大层数称为树的深度或高度。

2．二叉树

（1）二叉树

一棵非空的二叉树，它的每个结点至多只有两棵子树，分别称为左子树和右子树，左、右子树的次序不能任意交换，且左、右子树又分别是一棵二叉树。

（2）满二叉树

一棵深度为 h，且有 2^h-1 个结点的二叉树称为满二叉树。

（3）完全二叉树

深度为 h，有 n 个结点的二叉树，当且仅当每一个结点都与深度为 h 的满二叉树中编号从 $1 \sim n$ 的结点一一对应时，称此二叉树为完全二叉树。

3．关于二叉树的几个最常用的性质

性质 1　一棵非空二叉树的第 i 层上最多有 2^{i-1} 个结点（$i \geq 1$）。

性质 2　深度为 h 的二叉树中，最多具有 2^h-1 个结点（$h \geq 1$）。

性质 3　对于一棵有 n 个结点的完全二叉树，若按满二叉树的同样方法对结点进行编号，则对于任意序号为 i 的结点，有：

① 若 $i>1$，则序号为 i 的结点的父结点的序号为 $i/2$。

② 若 $2i \leq n$，则序号为 i 的结点的左孩子结点的序号为 $2i$。

③ 若 $2i+1 \leq n$，则序号为 i 的结点的右孩子结点的序号为 $2i+1$。

4．遍历二叉树

二叉树的遍历是指按某种顺序访问二叉树中的所有结点，使得每个结点都被访问，且仅被访问一次。通过一次遍历，使二叉树中结点的非线性序列转变为线性序列。

（1）二叉树先序遍历（也称前序遍历）

二叉树先序遍历即先访问根结点，再先序遍历左子树，最后先序遍历右子树。

（2）二叉树中序遍历

二叉树中序遍历即先中序遍历左子树，再访问根结点，最后中序遍历右子树。

（3）二叉树后序遍历

二叉树后序遍历即先后序遍历左子树，再后序遍历右子树，最后访问根结点。

（4）层次遍历

从根结点开始，按照自上而下、从左到右（同一层）的顺序逐层访问二叉树上的所有结点，这样的遍历称为按层次遍历。

5．线索二叉树

n 个结点的二叉树有 $n+1$ 个空指针域，可以充分利用二叉链表存储结构中的那些空指针域，来保存结点在某种遍历序列中的直接前驱和直接后继的地址信息。指向直接前驱结点或指向直接后继结点的指针称为线索，带有线索的二叉树称为线索二叉树。对二叉树以某种次序遍历使其变为线索二叉树的过程称为线索化。

由于二叉树的遍历方法不同，因此线索二叉树的方法也有多种，其中以中序线索化用得最多。

线索二叉树的画法：先写出二叉树的某种遍历的序列，若左孩子为空，则此线索指针将指向前一个遍历次序的结点；右孩子为空，则此线索指针将指向下一个遍历次序的结点；左、右不为空时，则不需画。

6．恢复二叉树

① 对于已知二叉树的前序和中序序列，可以根据前序序列确定树的根（首结点），根据中序序列确定左子树和右子树。

② 对于已知二叉树的后序和中序序列，可以根据后序序列确定树的根（尾结点），根据中序序列确定左子树和右子树。

7．标识符树

将算术表达式用二叉树来表示，称为标识符树，也称为二叉表示树。利用标识符树的后序遍历可以得到算术表达式的后缀表达式，这是二叉树的一种重要应用。

8．哈夫曼树及哈夫曼编码

（1）路径长度

从树中的一个结点到另一个结点之间的分支构成两个结点间的路径，路径上的分支数目，称作路径长度。

（2）结点的带权路径长度

从该结点到树根之间的路径长度与该结点上权的乘积。

（3）树的带权路径长度

树中所有叶子结点的带权路径长度之和，称为树的带权路径长度。

（4）哈夫曼树

带权路径长度最小的二叉树，称为最优二叉树，也称为哈夫曼树。

（5）哈夫曼编码

哈夫曼树从根结点到每个叶结点都有一条唯一的路径，规定哈夫曼树中的左分支为 0，右分支为 1，则从根结点到每个叶结点所经过的路径分支组成的 0 和 1 的序列即为该结点对应的哈夫曼编码。

7.2　典型习题分析

【例 7.1】度为 2 的树与二叉树有什么区别？

解：一棵度为 2 的树与一棵二叉树的区别在于：对于度为 1 和度为 2 的树无须区分左、右子树，但对于二叉树则必须区分左、右子树，且左、右子树不能任意交换。

【例 7.2】一般树和二叉树有什么区别？

解：一般树（非空）除了根结点之外，每个结点有且仅有一个前驱结点，但每个结点都可以有多个互不相交的子集（后继结点）。

二叉树（非空）除了根结点之外，每个结点有且仅有一个前驱结点，但每个结点至多只有两个后继结点，称为左子树和右子树，左、右子树的次序不能交换，且左、右子树又分别都是二叉树。

一般树和二叉树主要有以下区别：

① 二叉树结点的度最大为 2，而一般树结点的最大度数无限制。

② 一般树的结点无左、右之分，而二叉树的结点有左、右之分。

【例 7.3】一棵二叉树的先序、中序、后序序列分别如下，其中一部分未给出，填写空格处的内容，并画出二叉树。

先序序列：__B__F__ICEH__G。

中序序列：D__KFIA__EJC__。

后序序列：__K__FBHJ__G__A。

分析：① 后序的首结点必等于中序的首结点 D，后序的尾结点必等于先序的首结点 A。

② 根据后序确定 A 为根结点，因此先序的首结点为 A，再根据中序划分左、右子树。

③ 根据后序确定 B 为 A 的左子树的根。

④ 根据先序确定 C 为 A 的右子树的根。

⑤ 交替使用①～④可以确定。

先序序列为：ABDFKICEHJG。

中序序列为：DBKFIAHEJCG。

后序序列为：DKIFBHJEGCA。

其二叉树如图 1-7-1 所示。

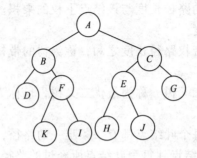

图 1-7-1　二叉树

解：先序序列为：*ABDFKICEHJG*；中序序列为：*DBKFIAHE JCG*；后序序列为：
DKIFBHJEGCA。

【例 7.4】画出如图 1-7-2 所示的二叉树对应的森林。

分析：原二叉树的根结点的右子树肯定是森林，而孩子结点的右子树均为兄弟，
画出原二叉树对应的森林如图 1-7-3 所示。

解：

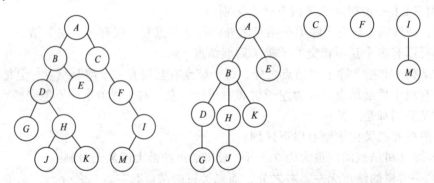

图 1-7-2　二叉树　　　　　　　图 1-7-3　二叉树对应的森林

【例 7.5】高度为 h 的完全二叉树至少有几个结点？最多有几个结点？

分析：设根为第一层，当完全二叉树高度为 h 时，其前 $h-1$ 层是高度为 $h-1$ 层的
满二叉树，共有 $2^{h-1}-1$ 个结点，第 h 层上至少有一个结点，因此高为 h 的完全二叉树
至少有 $2^{h-1}-1+1=2^{h-1}$ 个结点。显然高为 h 的完全二叉树为满二叉树时，结点数最多，
结点数为 2^h-1 个。

解：至少 2^{h-1} 个；最多 2^h-1 个。

【例 7.6】一棵有 k 个结点的二叉树是左单支树，按一维数组形式顺序存储，需要
几个结点的存储空间？

分析：左单支树必须扩充为完全二叉树的形式才能使用一维数组进行存储。设根
结点的编号为 1，沿着左分支往下各结点的编号依次为：2，4，…，2^{k-1}，因此需要
2^{k-1} 个结点的存储空间。

解：2^{k-1} 个。

【例 7.7】给定一棵二叉树，试编写输出其嵌套括号表示的算法。

　　分析：显然，选用先序遍历为宜。先输出根结点，再递归遍历二叉树的左子树，再递归遍历二叉树的右子树。在输出左子树之前先输出"（"，在输出右子树之后要输出"）"；若左、右子树均为空，则不必输出。

【输出二叉树程序代码】

```
typedef struct BT
{
  datatype data;
  BT *lchild;
  BT *rchild;
}BT;
void outbt(BT *T)
{
  if(T!=NULL)
    printf("%c",T->data);
  if(T->lchild!=NULL||T->rchild!=NULL);
  {
    printf(" (");            //只要左、右子树有一个非空，输出左括号
    outbt(T->lchild);        //递归处理二叉树的左子树
    if(T->lchild!=NULL)
      printf(",");           //左、右子树用逗号分割
    outbt(T->rchild);        //递归处理二叉树的右子树
    printf(")");
  }
}
```

【例 7.8】编写一个算法判断两棵二叉树是否等价。

　　分析：设 T1，T2 分别是两棵二叉树的根指针，所谓等价，有以下几种可能：

① 若 T1、T2 都为空，则两棵二叉树等价。

② 若一棵二叉树为空，而另一棵不空，则两棵二叉树不等价。

③ 若 T1、T2 都不为空，则分别对相应的子树做判断。

【程序代码】

```
typedef struct BT
{
  datatype data;
  BT *lchild;
  BT *rchild;
}BT;
int equal(T1,T2)
BT T1,T2;
{
  int Y1,Y2;                          //Y1、Y2用以存放判断结果
  if(T1==NULL&&T2==NULL)              //T1、T2都为空，则两棵二叉树等价
    printf("两棵二叉树等价！");
  else
  {
    Y1=equal(T1->lchild,T2->lchild); //左子树等价，返回值在Y1中
    Y2=equal(T1->rchild,T2->rchild); //右子树等价，返回值在Y2中
    if(Y1&&Y2)                        //左、右子树均等价，则二叉树等价
```

```
        printf("两棵二叉树等价！");
    else
        printf("两棵二叉树不等价！");
    }
}
```

【例 7.9】 本章习题的单选题（20）：用 5 个权值{3, 2, 4, 5, 1}构造的哈夫曼树的带权路径长度是（　　　）。

A．32　　　　　　　B．33　　　　　　　C．34　　　　　　　D．15

分析：本题首先构造如图 1-7-4 所示的哈夫曼树，然后求带权路径长度。

带权路径长度 WPL=(1+2)×3+(3+4+5)×2=33，所以选 B。

解：B。

【例 7.10】 设有一段正文由字符集{A，B，C，D，E，F}中的字母组成，6 个字母在正文中出现的频度分别为：12、18、26、6、4、32。

① 为这 6 个字母设计哈夫曼编码。

② 若这段正文开始部分的二进制代码序列为：0110001001011010100，请将它译成对应的正文。

分析：在正文中每个字母出现的频度，即叶结点的权值，按权值从小到大 4、6、12、18、26、32 先构造一棵哈夫曼树。为了保证哈夫曼编码的唯一性，在构造哈夫曼树时，要求所有结点左子树权值不大于右子树权值。

构造的哈夫曼树如图 1-7-5 所示。

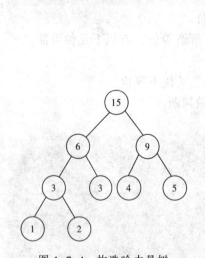

图 1-7-4　构造哈夫曼树

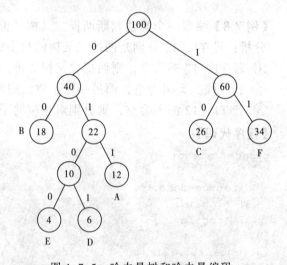

图 1-7-5　哈夫曼树和哈夫曼编码

将二进制代码序列按哈夫曼编码译成正文的方法：从哈夫曼树的根结点出发，从待译码的二进制码中逐位取码，与二叉树分支上标明的 0、1 相匹配，确定一条到达叶子结点的路径。若编码是 0，则沿左分支走，否则沿右分支走到下一层的结点，一旦到达叶子结点，则译出一个字母。然后，再从哈夫曼树的根结点出发，从二进制代码的下一位开始继续按上述方法译码，直到所有的编码译完，可以得到如表 1-7-1 所示的哈夫曼编码表。

表 1-7-1　哈夫曼编码表

字母编号	对应编码	出现频率	字母编号	对应编码	出现频率
A	011	12	D	0101	6
B	00	18	E	0100	4
C	10	26	F	11	34

对于本题二进制代码序列：0110001001011010100，参照如表 1-7-1 所示的哈夫曼编码表，可以译成对应的序列为：*ABECFDB*。

解：① 哈夫曼树和哈夫曼编码见表 1-7-1。② 二进制代码对应的正文为：*ABECFDB*。

【**例 7.11**】根据如图 1-7-6 所示二叉树，画出线索二叉树，写出对二叉树进行中序线索化的算法。

分析：① 二叉树的中序遍历序列为：*DBHEAFCG*。

中序线索二叉树如图 1-7-7 所示。

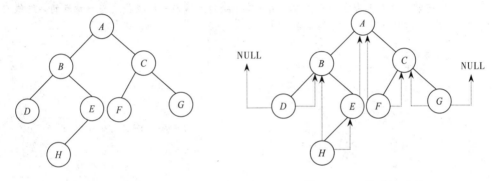

图 1-7-6　二叉树　　　　　　　　图 1-7-7　线索二叉树

② 在线索二叉树中，为了区别每个结点的左、右指针域存放的是孩子的指针还是线索，必须在结点结构中增加两个线索标志域：

$$ltag=\begin{cases} 0 & lchild\ 域指向结点的左孩子 \\ 1 & lchild\ 域指向结点的中序编历次序下的前驱（左线索）\end{cases}$$

$$rtag=\begin{cases} 0 & rchild\ 域指向结点的右孩子 \\ 1 & rchild\ 域指向结点的中序编历次序下的后继（右线索）\end{cases}$$

其结点结构为：

lchild	ltag	data	rtag	rchild

解：① 线索二叉树见图 1-7-7。

② 对二叉树进行中序线索化的算法：

结点类型和相应结点的指针类型定义如下：

```
typedef struct tnode
{
    char data;
    int ltag,rtag;              //标志 ltag.rtag 取值只能是 0 或 1
    struct tnode *lchild,*rchild;   //左、右子树指针
}bt;
```

算法思想：一边中序编历一边建立线索。若访问结点的左孩子为空，则建立前驱线索；若访问右孩子为空，则建立后继线索。

【程序代码】

```
void thread(p,q)
bt *p,*q;   //p为当前结点,q为p的前驱结点,开始调用时p为根结点的指针,q为NULL
{
   if(p!=NULL)
   {
      thread(p->lchild,q);
      //左子树线索化:若当前结点的左子树为空,则建立指向其前驱结点的前驱线索
      if(p->lchild==NULL)
      {
         p->ltag=1;
         p->left=q;
      }
      else
         p->ltag=0;
   //若前驱结点不为空,且其右子树为空,则建立该前驱结点指向当前结点的后继线索
   if(q!=NULL&&q->rchild==NULL)
   {
      q->rtag=1;
      q->rchild=p;
   }
   else
      p->rtag=0;
   q=p;                              //中序向前遍历一个结点
   thread(ht->rchild,q);
}
```

7.3 习题7解答

一、判断题答案

题目	（1）	（2）	（3）	（4）	（5）
答案	√	×	√	×	×

二、填空题答案

（1）2　　　　　　　　　　（2）度　　　　　　　　　　（3）叶

（4）深度　　　　　　　　　（5）2^{i-1}　　　　　　　　（6）2^h-1

（7）5　　　　　　　　　　（8）$2 \times i+1$　　　　　　　（9）68

（10）$n+1$　　　　　　　　（11）*ABEFHCG*　　　　　　（12）*ABCEFGH*

（13）*A* 在 *B* 左方　　　　　（14）*E*、*F*、*H*　　　　　　（15）*DABEC*

（16）4（4种二叉树如下图所示）　　　　　　　　　　　　　（17）中序

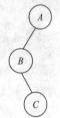 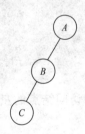 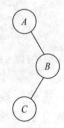 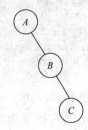

（18）右子树　　　　　（19）最小　　　　　　（20）$2n-1$

三、选择题答案

题目	（1）	（2）	（3）	（4）	（5）	（6）	（7）	（8）	（9）	（10）
答案	D	C	A	D	B	C	D	A	B	C
题目	（11）	（12）	（13）	（14）	（15）	（16）	（17）	（18）	（19）	（20）
答案	D	D	A	D	C	A	A	D	B	B

四、简答题答案

（1）画出的树如右图所示。

① A 是根结点。

② 叶结点为：M、N、D、J、K、F、I。

③ G 的双亲为：C。

④ G 的祖先为：A、C。

⑤ G 的孩子为：J、K。

⑥ E 的子孙为：L、M、N。

⑦ E 的兄弟为：D；F 的兄弟为：G、H。

⑧ 结点 B 的层次为 2；结点 N 的层次是 5。

⑨ 树的深度是 5。

⑩ 以结点 C 为根的子树的深度是 3。

⑪ 树的度数是 3（树中各结点度的最大值即树的度）。

（2）分析：本题首先要把二叉树还原为森林，还原为森林的过程见下图。此后就不难回答问题。

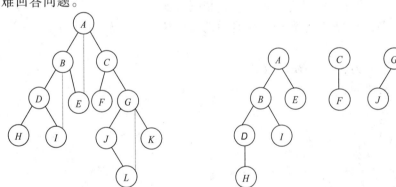

连线　　　　　　　　　　　　删除原二叉树中所有父结点与右孩子结点的连线，还原为森林

① 4　　　② A, C, G, K　　　③ 6　　　④ 2　　　⑤ 7

（3）①二叉树按中序遍历的结果为 ABC 的二叉树有 5 种。

②5 种不同形态的二叉树如下：

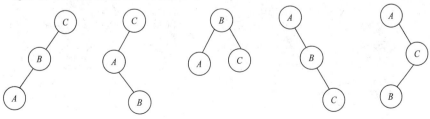

（4）① 3个结点的树有两种。　　② 三个结点的二叉树有5种。

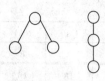 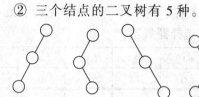

五、应用题答案

（1）恢复的二叉树为：　　　　　　（2）恢复的二叉树为：

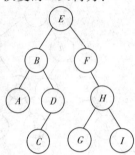 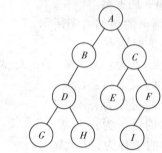

其前序遍历的序列为：*EBADCFHGI*。　　其后序遍历的序列为：*GHDBEIFCA*。

（3）分析：先按层次遍历序列和中序遍历序列恢复二叉树，其方法是：先根据层次遍历序列确定根结点（首结点 *A*）；根据中序遍历序列确定左、右子树。因为左、右子树均存在，可以确定层次遍历序列中的第二个结点 *B* 和第三个结点 *C* 分别为左、右子树的根。再根据中序序列确定 *B* 存在左、右子树，*C* 只有右子树；再根据层次遍历序列可以确定 *D*、*E*、*F* 的位置……恢复后的二叉树如右图所示。

其后序遍历的序列为：*DGJHEBIFCA*。

（4）转换的二叉树为：

①　　　　　　　　　　　　　　　②

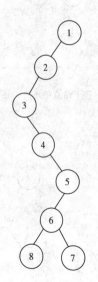 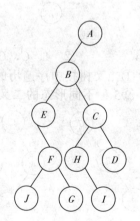

（5）森林转换的二叉树如下图所示。　（6）二叉树还原的森林如下图所示。

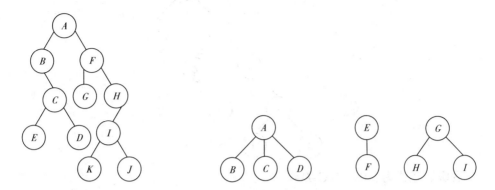

（7）① 画出的二叉树如下图所示。（8）① 根据存储结构画出的二叉树如下图所示。

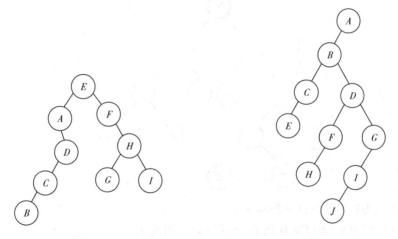

② 层次遍历的结点序列为：*EAFDHCGIB*。② 前序遍历的结点序列为：*ABCEDFHGIJ*。

（9）中序遍历序列为：55 40 25 60 28 08 33 54。中序线索二叉树如下图所示。

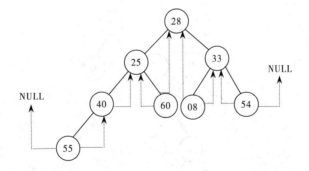

（10）–A+B–C+D 的标识符树为：

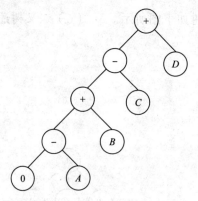

后缀表达式为：$0A\!-\!B\!+\!C\!-\!D\!+$。

（11）$(A\!+\!B/C\!-\!D)\times(E\times(F\!+\!G))$的标识符树如下图所示。

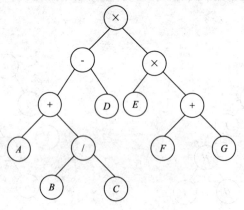

后缀表达式为：$ABC/\!+\!D\!-\!EFG\!+\!\times\times$。

（12）$(A\!+\!B\times C/D)\times E\!+\!F\times G$的标识符树如下图所示。

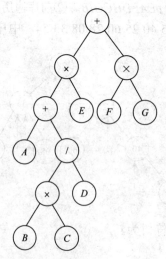

后缀表达式为：$ABC\times D/\!+\!E\times FG\times+$。

（13）哈夫曼树组建过程如下图所示。

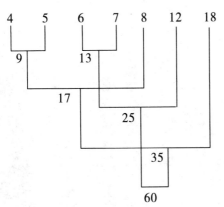

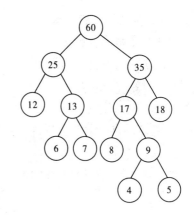

WPL=(12+18)×2+(6+7+8)×3+(4+5)×4=159。

（14）哈夫曼树如下图所示。

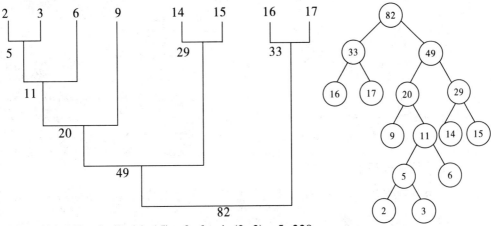

WPL=(16+17)×2+(9+14+15)×3+6×4+(2+3)×5=229。

（15）假设用于通信的电文仅由 A、B、C、D、E、F、G、H 共 8 个字母组成，字母在电文中出现的频率分别为 7、19、2、6、32、3、21、10。试为这 8 个字母设计哈夫曼编码。

解： 以权值 2、3、6、7、10、19、21、32 构造哈夫曼树。

构造的哈夫曼树为：

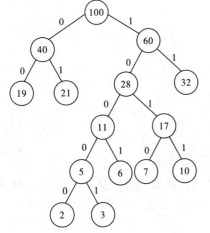

哈夫曼编码如下表所示。

字 母 编 号	对 应 编 码	出 现 频 率
A	1010	7
B	00	19
C	10000	2
D	1001	6
E	11	32
F	10001	3
G	01	21
H	1011	10

六、算法设计题答案

（1）【程序代码】

```
void count(BT t)
{
    if(t)
    {
        if(t->lchild&&t->rchild)
            k++;
        count(t->lchild);
        count(t->rchild);
    }
}
```

（2）【程序代码】

```
int maxnode(BT t,int max)
{
    if(t)
    {
        if(t->data>max)
            max=t->data;
        max=maxnode(t->lchild,max);
        max=maxnode(t->rchild,max);
    }
}
```

（3）【程序代码】

```
void create(BT t,int a[ ],int i)
{
    if(t)
    {
        a[i]=t->data;
        create(t->lchild,a,2*i);
        create(t->rchild,a,2*i+1);
    }
}
```

（4）【程序代码】

```
void preorderlevel(BT t,int h)          //t 的层数为 h
{
    if(t!=NULL)
    {
        printf ("%d,%d",t->data,h);
        preorderlevel(t->lchild,h+1);
        preorderlevel(t->rchild,h+1);
    }
}
```

（5）分析：按层遍历二叉树，采用一个队列 q，让根结点入队列，最后出队列，若有左、右子树，则左、右子树根结点入队列，如此反复，直到队列为空。

【程序代码】

```
int Width(BT  *T)
{
   int front=-1,rear=-1;                      //队列初始化
   int flag=0,count=0,p;
      //p用于指向树中层的最右边的结点，标志flag记录层中结点数的最大值
   if(T!=NULL)
   {
      rear++;
      q[rear]=T;
      flag=1;
      p=rear;
   }
   while(front<p)
   {
      front++;
      T=q[front];
      if(T->lchild!=NULL)
      {
         rear++;
         q[rear]=T->lchild;
         count++;
      }
      if(T->rchild!=NULL)
      {
         rear++;
         q[rear]=T->rchild;
         count++;
      }
         if(front==p)                          //当前层已遍历完毕
         {
            if(flag<count)
               flag=count;
            count=0;
            p=rear;                            //p指向下一层最右边的结点
         }
   }                                           //endwhile
   return(flag);
}
```

（6）**【程序代码】**

```
#include<stdio.h>
Swap(BinTree *T)
{
   BinTree  *stack[100],*temp;
   int top=-1;
   root=T;
   if(T!=NULL)
   {
      top++;
      stack[top]=T;
      while(top>-1)
```

```
        {
          T=stack[top];
          top--;
          if(T->child!=NULL||T->rchild!=NULL)
          {                              //交换结点的左、右指针
            temp=T->lchild;
            T->lchild=T->rchild;
            T->rchild=temp;
          }
          if(T->lchild!=NULL)
          {
            top++;
            stack[top]=T->lchild;
          }
          if(T->rchild!=NULL)
          {
            top++;
            stack[top]=T->rchild;
          }
        }
    }
}
main()
{
    int i,j,k,m;
    printf("\n");
    root=CreateBinTree();
    Inorder(root);
    i=CountNode(root);
    j=CountLeafs(root);
    k=Depth(root);
    m=Width(root);
    printf("\nThe Node's Number:%d",i);
    printf("\nThe Leafs's Number:%d",j);
    printf("\nThe Depth is:%d",k);
    printf("\nThe width is:%d",m);
    Swap(root);
    Printf("\nThe swapTree is: ");
    Inorder(root);
}
```

（7）【程序代码】

```
#include<stdio.h>
int h=-1,lh=1,count=0;
char x='c';                           //赋初值
Level(BinTree T,int h,int lh)         //求 x 结点在树中的层树
{
    if(T==Null)
        h=0;
    else
        if(T->data==x)
        {
```

```
                h=lh;
                count=h;
            }
        else
        {
            h++;
            Level(T->lchild,h,lh);
            if(h==-1)
                Level(T->rchild,h,lh);
        }
}
void main()
{
    BinTree *(*new root);
    printf("\n");
    root=CreateBinTree();
    Inorder(root);
    printf("\n");
    Level(root,h,lh);
    printf("%d",count);
}
```

（8）【程序代码】

```
struct bitree
{ elemtype data;
    bitree *lchild, *rchild;
}
int onechild(bitree *t)
{ int num1,num2;
    if (t==NULL)
        return 0;
    else
        if (((t->lchild==NULL)&&(t->rchild!=NULL)\\((t->lchild!=NULL)&&
            (t->rchild==NULL))
            return 1;
        else
        { num1=onechild(t->lchild);
            num2=onechild(t->rchild);
            return num1+num2;
        }
}
```

（9）先定义一个栈，将二叉树中的叶结点从左到右进栈，然后用头插入法连成一个单链表。

【程序代码】

```
struct bitree
{ elemtype data;
    bitree *lchild, *rchild;
}
bitree *creathead(bitree *t)
{ bitree *p,*stack[Maxsize];
```

```
    int top;
    p=new bitree;                              // 申请单链表的表头结点
    p->lchild=p->rchild=NULL;
    if (t!=NULL)
      { top=0;
        stack[top]=t;                          // 进栈
        while (top>0)
        { t=stack[top];                        // 出栈
          top--;
          if ((t->lchild==NULL)&&(t->rchild!=NULL))  // 叶结点
            { t->rchild==p->rchild;            // 头插入
              p->rchild=t; }
          else
            { if (t->lchild!=NULL)
                { top++; stack[top]=t->lchild; }
              if (t->rchild!=NULL)
                { top++; stack[top]=t->rchild; }
            }
        }
      }
}
```

（10）利用二叉树的层次遍历，让二叉树中的结点逐层进队列，如果中途有空结点，则说明不是完全二叉树。队列的大小 n 由 #define 声明。

【程序代码】

```
int isComplete_BinTree(BTNode *T)
{ BTNode *p=T;
  if (p=NUUL)
    return 1;
  BTNode *Q[n];
  int front=0,rear=0;
  int flag=0;
  Q[rear]=p;
  rear=(rear+1)%n;                       // 根进队列
  while (front!=rear)
  { p=Q[front+1];
    front=(front+1)%n;
    if (p==NUUL)
      flag=1;                            // 遍历中遇到空队列元素
    lse
      if (flag)
        return 0;                        // 前面夹杂空队列元素，非完全二叉树
      else
        { Q[rear]=p->lchild;             // 不管孩子是否为空，都入队列
          rear=(rear+1)%n;
          Q[rear]=r->lchild;
          ear=(rear+1)%n;
        }
  }
  return 1;
}
```

第 8 章

图 ‹‹‹

8.1 知识点分析

1．图的定义

图是由非空的顶点集合和一个描述顶点之间关系——边的有限集合组成的一种数据结构。可以用二元组定义为 $G = (V,E)$。

其中，G 表示一个图，V 是图 G 中顶点的集合，E 是图 G 中边的集合。

2．图的相关术语

（1）无向图

在一个图中，如果每条边都没有方向，则称该图为无向图。

（2）有向图

在一个图中，如果每条边都有方向，则称该图为有向图。

（3）无向完全图

在一个无向图中，如果任意两顶点都有一条直接边相连接，则称该图为无向完全图。在一个含有 n 个顶点的无向完全图中，有 $n(n-1)/2$ 条边。

（4）有向完全图

在一个有向图中，如果任意两顶点之间都有方向互为相反的两条弧相连接，则称该图为有向完全图。在一个含有 n 个顶点的有向完全图中，有 $n(n-1)$ 条弧。

（5）顶点的度

在无向图中，一个顶点拥有的边数，称为该顶点的度。记为 TD(v)。

在有向图中，一个顶点拥有的弧头的数目，称为该顶点的入度，记为 ID(v)；一个顶点拥有的弧尾的数目，称为该顶点的出度，记为 OD(v)；一个顶点度等于顶点的入度+出度，即 TD(v)=ID(v)+ OD(v)。

（6）权

图的边或弧有时具有与它有关的数据信息，这个数据信息就称为权。

（7）网

边（或弧）上带权的图称为网。

（8）路径、路径长度

顶点 v_i 到顶点 v_j 之间的路径是指顶点序列 v_i, v_{i1}, v_{i2}, …, v_{im}, v_j。其中，(v_i,v_{i1}), (v_{i1},v_{i2}), …, (v_{im},v_j) 分别为图中的边。路径上边的数目称为路径长度。

（9）回路、简单路径

在一条路径中，如果其起始点和终止点是同一顶点，则称其为回路或者环。如果一条路径上所有顶点除起始点和终止点外彼此都是不同的，则称该路径为简单路径。

（10）子图

对于图 $G=(V,E)$，$G'=(V',E')$，若存在 V' 是 V 的子集，E' 是 E 的子集，则称图 G' 是 G 的一个子图。

（11）连通图、连通分量

在无向图中，如果从一个顶点 v_i 到另一个顶点 $v_j(i \neq j)$ 有路径，则称顶点 v_i 和 v_j 是连通的。任意两顶点都是连通的图称为连通图。无向图的极大连通子图称为连通分量。

（12）强连通图、强连通分量

对于有向图来说，若图中任意一对顶点 v_i 和 $v_j(i \neq j)$ 均有从一个顶点 v_i 到另一个顶点 v_j 的路径，也有从 v_j 到 v_i 的路径，则称该有向图是强连通图。有向图的极大强连通子图称为强连通分量

（13）生成树

连通图 G 的一个子图如果是一棵包含 G 的所有顶点的树，则该子图称为 G 的生成树。

3. 图的存储表示

（1）邻接矩阵

邻接矩阵是表示顶点之间相邻关系的矩阵。

（2）邻接表

邻接表是图的一种顺序存储与链式存储相结合的存储方法。

4. 图的遍历

图的遍历是指从图的某一顶点出发，对图中的所有顶点进行访问，且仅访问一次的方法。常用的有深度优先搜索和广度优先搜索两种方法。

5. 最小生成树

连通图的一次遍历所经过的边的集合及图中所有顶点的集合就构成了该图的一棵生成树，对连通图的不同遍历，就可能得到不同的生成树。生成树中权值之和为最小的生成树，称为最小生成树。

6. 最短路径

在网中，两个顶点之间所有路径中，边的权值之和最短的那一条路径，就称为两点之间的最短路径。

8.2 典型习题分析

【例 8.1】设有两个无向图 $G = (V,E)$，$G = (V',E')$，如果 G' 是 G 生成子树，则下述叙述不正确的是（　　　）。

A. G' 是 G 的子图　　　　　　　　　　B. G' 是 G 的连通分量

C. G' 是 G 的无环子图　　　　　　　　D. G' 是 G 的极小连通子图，且 $V' = V$

分析：如果 G' 是 G 生成子树，显然 G' 是 G 的子图、G' 是 G 的无环子图、G' 是 G

的连通分量和 G' 是 G 极小连通子图，但是 $V' \neq V$，故 D 不正确，答案为 D。

解：D。

【例 8.2】若一个有向图具有拓扑序列，则它的矩阵必为（　　　　）。

　A. 对称矩阵　　　　　B. 三角矩阵　　　　　C. 一般矩阵　　　　　D. B 或 C

分析：拓扑排序适用于有向无环图，若一个有向图的邻接矩阵是三角形矩阵，则该图一定无环；但一个无环图的有向图的邻接矩阵未必是三角形。因此，应该选择 D。

解：D。

【例 8.3】用邻接矩阵表示图时，若图中有 1 000 个顶点，1 000 条边，则形成的邻接矩阵有多少矩阵元素？有多少非零元素？是否为稀疏矩阵？

解：一个图中有 1 000 个顶点，其邻接矩阵中的矩阵元素有 $1\,000^2 = 1\,000\,000$ 个。它有 1 000 个非零元素（对于有向图）或 2 000 个非零元素（对于无向图），因此是稀疏矩阵。

【例 8.4】用邻接矩阵表示图时，矩阵元素的个数与顶点个数是否相关？与边的条数是否相关？

解：用邻接矩阵表示图时，矩阵元素的个数是顶点个数的平方，与边的条数无关。矩阵中非零元素的个数与边的条数有关。

【例 8.5】Prim 算法最小生成树的时间复杂度为_____，因此它适合于_____图；Kruskal 算法最小生成树的时间复杂度为_____，因此适合于_____图，且图应该用_____作为存储结构。

分析：因为 Prim 算法的时间复杂度只与顶点数 n 有关，故对稀疏图不太适合，而 Kruskal 算法只与边数 e 有关，故对稀疏图较适合，且用邻接表作为存储结构为宜。

解：$O(n^2)$，稠密；$O(e\log_2 e)$，稀疏，邻接矩阵。

【例 8.6】设有一有向图为 $G=(V,E)$。其中，$V=\{v_1, v_2, v_3, v_4, v_5\}$，$E=\{<v_2, v_1>, <v_3, v_2>, <v_4, v_3>, <v_4, v_2>, <v_1, v_4>, <v_4, v_5>, <v_5, v_1>\}$，画出该有向图并判断是否是强连通图。

分析：做该题的关键是弄清楚以下两点：

① 边集 E 中 $<v_i, v_j>$ 表示一条以 v_i 为弧尾，v_j 为弧头的有向弧。

② 强连通图是任意两顶点间都存在路径的有向图。

解：该有向图是强连通图，该有向图如图 1-8-1 所示。

【例 8.7】画出如图 1-8-2 所示的有向图的邻接矩阵、邻接表、逆邻接表、十字链表。写出邻接表表示的图从顶点 A 出发的深度优先遍历序列和广度优先遍历序列。

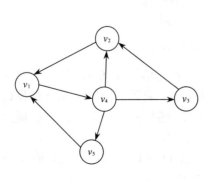

图 1-8-1　强连通有向图

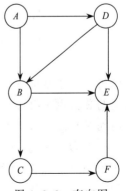

图 1-8-2　有向图

解：如图 1-8-2 所示的邻接矩阵、邻接表、逆邻接表、十字链表如图 1-8-3、图 1-8-4、图 1-8-5、图 1-8-6 所示。

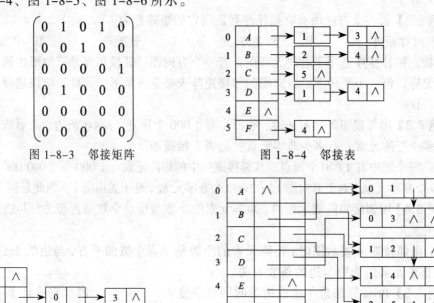

图 1-8-3　邻接矩阵　　　　　　　　　　图 1-8-4　邻接表

图 1-8-5　逆邻接表　　　　　　　　　　图 1-8-6　十字链表

深度优先遍历序列为 *ABCFDE*；广度优先遍历序列为 *ABDCEF*。

【**例 8.8**】已知无向图 *G* 的邻接表如图 1-8-7 所示，请写出其从顶点 V_2 开始的深度优先搜索的序列。

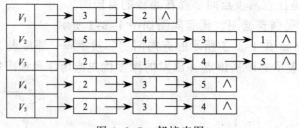

图 1-8-7　邻接表图

分析：图搜索可从图中某个顶点 v 出发，首先访问此顶点，然后任选一个 v 的未被访问的邻接点 w 出发，继续进行深度优先搜索，直到图中所有和 v 路径相通的顶点都被访问到；若此时图中还有顶点未被访问到，则另选一个未被访问的顶点作为起始点，重复上面的做法，直至图中所有的顶点都被访问。

根据图从顶点 V_2 开始的深度优先搜索的序列是 V_2，V_2 的邻接点有 4 个，按深度优先法则和给定邻接表，只能访问 V_5。再从 V_5 出发，第一个邻接点 V_2 已经访问过，

只能访问 V_3。再从 V_3 出发，同样第一个邻接点 V_2 已经访问，只能访问 V_1。再从 V_5 出发，第一个邻接点 V_3 和第二邻接点 V_2 已经访问过，退回到 V_3。在 V_3，V_1 下一个 V_4 没有访问过，即访问，这样 5 个顶点都被访问，顺序是 $V_2V_5V_3V_1V_4$。

这里需要说明的是如果没有邻接表，从顶点 V_2 出发对这个无向图深度优先搜索的访问次序不唯一，但是有邻接表是唯一的。

解：深度优先搜索的访问次序为：$V_2V_5V_3V_1V_4$。

【例 8.9】设计一个算法，删除无向图的邻接矩阵中的给定顶点。

分析：要在邻接矩阵中删除某顶点 i 主要操作有以下三步：

① 图的边数要减去与顶点 i 相关联的边的数目。

② 在邻接矩阵中删除第 i 行与 i 列，即把第 $i+1$ 行~第 n 行依次前移，第 $i+1$ 列~第 n 列依次前移。

③ 图中顶点的个数-1。

【程序代码】

```
void Delvi(MGraph *G,int i)              //在图 G 中删除顶点 i
{
   int num,j,k;
   if(i<1||i>G->vexnum)
   {
      printf("error");
      exit(0);
   }
   else
   {
      num=0;
      for(j=1;j<=G->vexnum;j++)          //计算与 i 相关的边数
      {
         if(G->arcs[i][j])
            num++;
         if(G->arcs[j][i])
            num++;
      }
      G->arcnum-=num;                     //减去与 i 相关的边数
      for(j=i+1;j<=G->vexnum;j++)
         for(k=1;k<=G->vexnum;k++)
            G->arcs[j-1][k]=G->arcs[j][k];//从 i+1 行到最后一行元素都向前移动一行
      for(j=i+1;j<=G->vexnum;j++)         //从 i+1 列到最后一列元素都向前移动一列
         for(k=1;k<=G->vexnum-1;k++)
            G->arcs[k][j-1]=G->arcs[k][j];
      G->vexnum--;                        //顶点数减去 1
   }
}
```

【例 8.10】已知某有向图用邻接表表示，设计一个算法，求出给定两顶点间的简单路径。

分析：因为在遍历的过程中每个顶点仅被访问一次，所以从顶点 u 到顶点 v 遍历的过程中走过的路径就是一条简单路径。只需在遍历算法中稍做修改，就可实现该算法。为了记录路径中访问过的顶点，只需用一数组存储走过的顶点即可。

求入度的思想：计算出邻接表中结点 i 的结点数即可。

【程序代码】

```
int visited[MAX_VERTEX_NUM];
int found;
void DFSpath(ALGraph *G,int u,int v)
{
  int i;
  for(i=1;i<=G->vexnum;i++)
    visited[i]=0;
  found=0;
  DFS(G,u,v);
}
int path[MAX_VERTEX_NUM];              //MAX_VERTEX_NUM 为结点个数
void DFS(ALGraph *G,int u,int v)
{                                      //用深度优先遍历算法实现简单路径的求解
  ArcPtr p;
  if(found)
    return;
  if(G->ag[u].firstarc==NULL)
  { printf("no path\n");
    return;
  }
  visited[u]=1;
  for(p=G->ag[u].firstarc;p;p=p->nextarc)   //取第一个边
  { if(v==p->adjvex)                         //路径找到，输出
    { path[u]=v;
      found=1;
      Print(u,v);
      return;
    }
    else if(!visited[p->adjvex])             //取下一条边
    { path[u]=p->adjvex;
      DFS(G,p->adjvex,v);                     //递归
    }
  }
}                                            //DFS
void Print(int u,int v)                       //指印路径
{ int m;
  printf("%d->",u);
  for(m=path[u];m!=v;m=path[m])
    printf("%d->",m);
  printf("%d\n",v);
}
```

8.3 习题 8 解答

一、判断题答案

题目	（1）	（2）	（3）	（4）	（5）
答案	×	√	√	×	√

二、填空题答案

（1）弧 　　　　（2）出度 　　　　（3）有向

（4）$n(n-1)/2$ 　　（5）邻接表 　　（6）$2n$

（7）顶点 　　　　（8）$O(n^2)$ 　　　（9）$O(n+e)$

（10）邻接表 　　（11）邻接矩阵 　　（12）$n+e$

（13）对称 　　　（14）出度 　　　　（15）入度

（16）遍历 　　　（17）5 　　　　　（18）$n-1$

（19）权 　　　　（20）Prim

三、选择题答案

题目	（1）	（2）	（3）	（4）	（5）	（6）	（7）	（8）	（9）	（10）
答案	B	B	C	A	B	B	C	A	C	C
题目	（11）	（12）	（13）	（14）	（15）	（16）	（17）	（18）	（19）	（20）
答案	B	A	D	A	A	D	B	B	A	C

四、应用题答案

（1）邻接矩阵为：

$$
\begin{array}{c}
\;\;1\;\;2\;\;3\;\;4\;\;5 \\
\begin{array}{c}1\\2\\3\\4\\5\end{array}
\left[
\begin{array}{ccccc}
0 & 1 & 1 & 0 & 1 \\
0 & 0 & 0 & 1 & 0 \\
0 & 0 & 0 & 0 & 1 \\
1 & 0 & 0 & 0 & 0 \\
0 & 0 & 0 & 1 & 0 \\
\end{array}
\right]
\end{array}
$$

邻接表为：

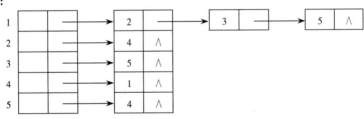

（2）

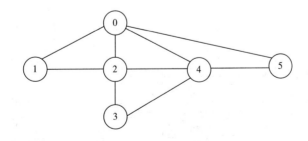

从顶点 0 出发的深度优先搜索遍历的结点序列为：012345（答案不唯一）。

从顶点 0 出发的广度优先搜索遍历的结点序列为：012453（答案不唯一）。

（3）

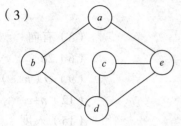

深度优先搜索为：*abdce*（答案不唯一）。

广度优先搜索为：*abedc*（答案不唯一）。

（4）

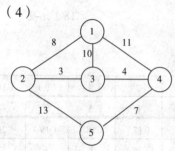

最小生成树为：

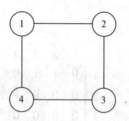

（5）

①

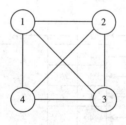

② 完全无向图应具有的边数为：$n \times (n-1)1/2 = 4 \times (4-1)/2 = 6$，所以还要增加两条边（如下图）。

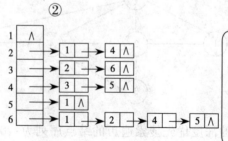

（6）

①

顶点	1	2	3	4	5	6
入度	3	2	1	2	2	1
出度	0	2	2	2	1	4

②

```
1  Λ
2  → 1 → 4 Λ
3  → 2 → 6 Λ
4  → 3 → 5 Λ
5  → 1 Λ
6  → 1 → 2 → 4 → 5 Λ
```

③

$$\begin{pmatrix} 0 & 0 & 0 & 0 & 0 & 0 \\ 1 & 0 & 0 & 1 & 0 & 0 \\ 0 & 1 & 0 & 0 & 0 & 1 \\ 0 & 0 & 1 & 0 & 1 & 0 \\ 1 & 0 & 0 & 0 & 0 & 0 \\ 1 & 1 & 0 & 1 & 1 & 0 \end{pmatrix}$$

（7）

① 邻接矩阵为：

$$\begin{pmatrix} 0 & 4 & 3 & \infty & \infty & \infty & \infty & \infty \\ 4 & 0 & 5 & 5 & 9 & \infty & \infty & \infty \\ 3 & 5 & 0 & 5 & \infty & \infty & \infty & 5 \\ \infty & 5 & 5 & 0 & 7 & 6 & 5 & 4 \\ \infty & 9 & \infty & 7 & 0 & 3 & \infty & \infty \\ \infty & \infty & \infty & 6 & 3 & 0 & 2 & \infty \\ \infty & \infty & \infty & 5 & \infty & 2 & 0 & 6 \\ \infty & \infty & 5 & 4 & \infty & \infty & 6 & 0 \end{pmatrix}$$

② 起点为 a，可以直接由原始图画出最小生成树。

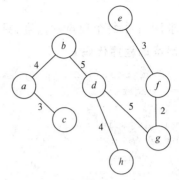

（8）① 邻接矩阵为：

$$\begin{pmatrix} \infty & 12 & \infty & \infty & 4 & \infty & \infty \\ 12 & \infty & 20 & \infty & 8 & 9 & \infty \\ \infty & 20 & \infty & 15 & \infty & \infty & 12 \\ \infty & \infty & 15 & \infty & \infty & \infty & 10 \\ 4 & 8 & \infty & \infty & \infty & 6 & \infty \\ \infty & 9 & \infty & \infty & 6 & \infty & \infty \\ \infty & \infty & 12 & 10 & \infty & \infty & \infty \end{pmatrix}$$

② 最小生成树为：

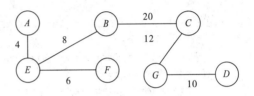

五、程序题填空题答案

（1）ERROR   （2）ERROR   （3）0

（4）--或=G.arcnum-1   （5）OK

六、算法题答案

（1）分析：本题思想是逐个扫描邻接矩阵的各个元素，若第 i 行第 j 列的元素为 1，则相应的邻接表的第 i 个单链表上增加一个 j 结点。

【程序代码】

```
void trans(int edges[n][n],Adjlist adj)
{ int i,j;
  edgenode *p;
  for (i=0;i<n;i++)
  { adj[i].data=i;
    adj[i].link=NULL;
  }
  for (i=0;i<n;i++)
     for (j=0;j<n;j++)
     { if(edges[i][j]==1)
       { p=(edgenode *) malloc (sizeof(edgenode));
         p->adjvex=j;
         p->next=adj[i].link;
         adj[i].link=p;
       }
```

```
    }
}
```

（2）

① 求图 G 中每个顶点的出度，只要计算出邻接表中第 i 个单链表的结点数即可。

【求出度的程序代码】

```
int outdegree(adjlist adj,int v)
{   int degree=0;
    edgenode *p;
    p=adj[v].link;
    while (p!=NULL)
        {  degree++;
           p=p->next;
        }
    return degree;
}
void printout(adjlist adj,int n)
{   int i,degree;
    printf("The Outdegree are:\n");
    for(i=0;i<n;i++)
    {  degree=outdegree(adj,i);
       printf("(%d,%d)",i,degree);
    }
}
```

求图 G 中每个顶点的入度，只要计算出邻接表中结点 i 的结点数即可。

【求入度的程序代码】

```
int indegree(adjlist adj,int n,int v)
{   int i,j,degree=0;
    edgenode *p;
    for (i=0;i<n;i++)
    {  p=adj[i].link;
       while (p!=NULL)
           {  if (p->adjvex==v)
                 degree++;
              p=p->next;
           }
    }
    return degree;
}
void printin(adjlist adj,int n)
{   int i,degree;
    printf("The Indegree are:\n");
    for (i=0;i<n;i++)
    {  degree=Indegree(adj,n,i);
       printf("(%d,%d)",i,degree);
    }
}
```

② 【程序代码】

```
void maxoutdegree(adjlist adj,int n)
{ int maxdegree=0,maxv=0,degree,i;
   for (i=0;i<n;i++)
     { degree=outdegree(adj,i);
       if (degree>maxdegree)
         { maxdegree=degree;
           maxv=i;
         }
     }
   printf("maxoutdegree %d,maxvertex=%d",maxdegree,maxv);
}
```

③ 【度为 0 的顶点数程序代码】

```
int outzero(adjlist adj,int n)
{ int num=0,i;
   for (i=0;i<n;i++)
     { if (outdegree(adj,i)==0)
       num++;
     }
   return num;
}
```

（3）判断无向图 G 是否是连通的【程序代码】

```
int isconnect(AMLGraph *G)
{ int i,count=0;                //count 为计数变量，初值为 0
   for(i=0;i<G->n;i++)
     visited[i]=FALSE;
   for(i=0;i<G->n;i++)
     if (!visited[i])
       { count++;DFSM(G,i); }   //每调用一次深度优先搜索函数 DFSM，count 加 1
   if (count==1)                //根据 count 的值确定连通性
     return 1;
   else
     return 0;
}
```

（4）Kruskal 算法构造最小生成树【程序代码】

```
#include <iostream.h>
const int n=6;
const int e=10;
struct edgeset
{ int fromvex;
   int endvex;
   int weight;
};
edgeset c[n],ge[e+1];
void Kruskal(edgeset ge[e+1])
{ int i,j;
   int s[n+1][n+1];          // 一行元素 s[i][0]-s[i][n]是一个集合，若 s[i][t]=1,
```

```
                        // 则表示顶点 t 属于该集合，否则不属于该集合
    for (i=1;i<=n;i++)
    for (j=1;j<=n;j++)
      if (i==j)
        s[i][j]=1;
      else
        s[i][j]=0;
    int k=1;              // 统计生成树的边数
    int d=1;              // 表示待扫描边的下标位置
    int m1,m2;            // 记录一条边的两个顶点的序号
    while (k<n)
    { for (i=1;i<=n;i++)
        for (j=1;j<=n;j++)
        { if ((ge[d].fromvex==j)&&(s[i][j]==1))
            m1=i;
          if ((eg[d].endvex==j)&&(s[i][j]==1))
            m2=i;
        }
      if (m1!=m2)
        { c[k]=ge[d];
          k++;
          for (j=1;j<=n;j++)
          { s[m1][j]=s[m1][j]||s[m2][j];      // 求出一条边后，合并两个集合
            s[m2][j]=0;                        // 另一个集合置为空
          } }
      d++;
}}
void main()
{ for (int i=1;i<=e;i++)      // 按从小到大顺序输入边的起点、终点及权值
    { cin>>ge[i].fromvex;
      cin>>ge[i].endvex;
      cin>>ge[i].weight;
    }
  Kruskal(ge);
  for (int i=1;i<=n;i++)
    { cout<<c[i].fromvex<<" ";
      cout<<c[i].endvex<<" ";
      cout<<c[i]. weight<<endl;
    }
}
```

查 找 «

9.1 知识点分析

1. 基本概念

（1）查找表

由同一类型的数据元素（或记录）构成的集合称为查找表。

（2）静态查找

在查找过程中仅查找某个特定元素是否存在或它的属性的，称为静态查找。

（3）动态查找

在查找过程中对查找表进行插入元素或删除元素操作的，称为动态查找。

（4）关键字

关键字是数据元素（或记录）中某个数据项的值，用它可以标识数据元素（或记录）。关键字分主关键字（唯一地标识一个记录的关键字）和次关键字（标识若干个记录的关键字）。

（5）查找

在查找表中确定是否存在一个数据元素的关键字等于给定值的操作，称为查找（也称为检索）。

（6）内查找和外查找

若整个查找过程全部在内存进行，则称为内查找；若在查找过程中还需要访问外存，则称为外查找。

（7）平均查找长度 ASL

查找成功时平均查找长度：$ASL = \sum_{i=1}^{n} P_i C_i$。其中，$P_i$ 为找到表中第 i 个数据元素的概率，且有 $\sum_{i=1}^{n} P_i = 1$；C_i 为查找表中第 i 个数据元素所用到的比较次数。不同的查找方法有不同的 C_i。

2. 顺序查找

顺序查找又称线性查找，是最基本的查找方法之一。顺序查找既适用于顺序表，也适用于链表。顺序查找的基本思想：从表的一端开始，顺序扫描线性表，依次按给定值 kx 与关键字进行比较，若相等，则查找成功，并给出数据元素在表中的位置；若整个表查找完毕，仍未找到与 kx 相同的关键字，则查找失败，给出失败信息。

3．二分查找

二分查找也叫折半查找，是一种效率较高的查找方法，但前提是表中元素必须按关键字有序（按关键字递增或递减）排列。二分查找的基本思想：在有序表中，取中间元素作为比较对象，若给定值与中间元素的关键字相等，则查找成功；若给定值小于中间元素的关键字，则在中间元素的左半区继续查找；若给定值大于中间元素的关键字，则在中间元素的右半区继续查找。不断重复上述查找过程，直到查找成功，或所查找的区域无数据元素，查找失败。

4．分块查找

将具有 *n* 个元素的主表分成 *m* 个块（也称为子表），每块内的元素可以无序，但要求块与块之间必须有序，并建立索引表。索引表包括两个字段：关键字字段（存放对应块中的最大关键字值）和指针字段（存放指向对应块的首地址）。查找方法如下：

① 在索引表中检测关键字字段，以确定待找值 kx 所处的分块（可用二分查找）位置。

② 根据索引表指示的首地址，在该块内进行顺序查找。

5．二叉排序树

二叉排序树（binary sort tree）或者是一棵空树，或者是具有下列性质的二叉树：

① 若左子树不空，则左子树上所有结点的值均小于根结点的值。

② 若右子树不空，则右子树上所有结点的值均大于根结点的值。

③ 左、右子树也都是二叉排序树。

6．平衡二叉树

所谓平衡二叉树（AVL 树）是指树中任一结点的左、右子树高度大致相等的二叉树。平衡二叉树的定义如下：

平衡二叉树或者是一棵空树，或者是具有以下性质的二叉排序树：

① 它的左子树和右子树的高度之差（称为平衡因子）的绝对值不超过 1。

② 它的左子树和右子树又都是平衡二叉树。

7．哈希表

选取某个函数，依该函数按关键字计算元素的存储位置，并按此存放；查找时，由同一个函数对给定值 kx 计算地址，将 kx 与地址单元中元素关键字进行比较，确定查找是否成功，这就是哈希方法。哈希方法中使用的转换函数称为哈希函数；按这个思想构造的表称为哈希表。

9.2 典型习题分析

【例 9.1】静态查找和动态查找两者的根本区别在于（　　　）。

A．逻辑结构不同　　　　　　　　B．存储实现不同

C．施加的操作不同　　　　　　　D．数据元素类型不同

分析：根据施加不同运算，查找分为静态查找和动态查找两类。静态查找仅包含

检索操作，而动态查找不仅包含检索操作，还允许增加元素和删除元素等操作。所以是施加的操作不同，选择 C。

解：C。

【例 9.2】顺序查找法与二分查找法对存储结构的要求是（   ）。

  A. 顺序查找与二分查找均只适用于顺序表

  B. 顺序查找只适用于顺序表

  C. 顺序查找与二分查找既适用于顺序表，也适用于链表

  D. 二分查找只适用于顺序表

分析：顺序查找比较适用于顺序表和链表，故 A 和 B 不对。二分查找表中元素必须按关键字有序（按关键字递增或递减）排列。从这里可以看出，二分查找只适用于顺序表，C 也不正确，选 D。

解：C。

【例 9.3】顺序表可以采用的 3 种查找方法是什么？这 3 种查找方法对查找表中元素的要求各是什么？在含 n 个元素的顺序表中，其等概率情况下查找成功的平均查找长度各是多少？

解：顺序表可以采用的 3 种查找方法，分别是顺序查找法、二分查找法和分块查找法。

顺序查找法：表中的元素可以任意存放。

二分查找法：表中元素必须按关键字有序存放。

分块查找法：要求表中元素是分块有序，即前一块的关键字值均小于后一块的关键字值，同一块内元素可以按任意次序存放。

具有 n 个元素的顺序表在等概率情况下，3 种查找方法的查找成功的平均查找长度分别为：

顺序查找法：$\text{ASL}=(1+n)/2$。

二分查找法：$\text{ASL}=\log_2(1+n)-1$。

分块查找法：设每块含有 s 个元素，若用顺序查找确定元素所在的块，则 $\text{ASL}=(n/s+s)/2+1$。若用二分查找确定元素所在的块，$\text{ASL}=\log_2(n/s+1)s/2$。

由此可见，二分查找法的平均查找长度最小，分块查找法次之，顺序查找法平均查找长度最大。

【例 9.4】画出对长度为 20 的有序表进行二分查找的判定树，并指出在等概率情况下，查找成功的平均查找长度以及查找失败时所需的最多的与关键字值比较的次数。

解：对长度为 20 的有序顺序表进行二分查找的判定树如图 1-9-1 所示。

等概率情况下的平均查找长度为：$\text{ASL}=(1\times1+2\times2+3\times4+4\times8+6\times5)/20=74/20=3.7$。

二分查找在查找失败时所需与键值的比较次数不超过判定树的高度，因为判定树中度小于 2 的结点只可能在最下面的两层上，所以 n 个结点的判定树高度与 n 个结点的完全二叉树的高度相同，即为 $\lceil \log_2(n+1) \rceil$。所以，$n$ 个元素的有序表，查找失败时与关键字值最多比较 $\lceil \log_2(n+1) \rceil$ 次。所以，20 个元素的有序表查找失败时最多与关键字值的比较次数为 $\lceil \log_2(n+1) \rceil = \lceil \log_2 21 \rceil = 5$。

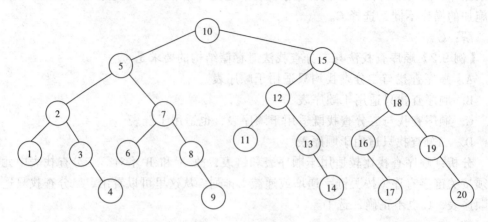

图 1-9-1　判定树

【例 9.5】对含有 n 个互不相同元素的集合, 同时查找最大元素和最小元素至少需进行多少次比较?

分析: 设变量 max 和 min 用于存放最大元素和最小元素的位置, 第一次取两个元素进行比较, 大的放入 max, 小的放入 min。从第二次开始, 每次取一个元素先和 max 比较, 如果大于 max 则以它替换 max, 并结束本次比较; 若小于 max 则再与 min 相比较, 在最好的情况下, 比较下去都不用和 min 相比较, 所以这种情况下, 至少要进行 $n-1$ 次比较就能找到最大元素和最小元素。

解: $n-1$ 次。

【例 9.6】构造有 12 个元素的二分查找的判定树, 并求解下列问题:

① 各元素的查找长度最大是多少?

② 查找长度为 1、2、3、4 的元素各有多少? 具体是哪些元素?

③ 查找第五个元素依次要比较哪些元素?

分析: 12 个元素的判断树如图 1-9-2 所示。

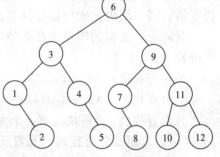

图 1-9-2　判定树

解: ① 最大查找长度是树的深度 4。② 查找长度为 1 的元素有 1 个, 为第 6 个。查找长度为 2 的元素有 2 个, 为第 3 个和第 9 个。查找长度为 3 的元素有 4 个, 为第 1、4、7、11 个。查找长度为 4 的元素有 5 个, 为第 2、5、8、10、12 个。③ 查找第五个元素依次比较 6、3、4、5。

【例 9.7】对于给定结点的关键字集合 $K=\{42,57,82,32,70,35,12,48,96,18\}$:

① 试构造一棵二叉排序树。

② 求等概率情况下的平均查找长度 ASL。

③ 如何得到关键字值的有序序列。

④ 对于上述 10 个关键字值的不同排列次序, 构造不同的二叉排序树中, 最好和最坏情况下的高度各是多少。

⑤ 要比较多少次才能找到 70?

⑥ 画出删除结点 42 后的二叉排序树。

解：① 二叉排序树构造如图 1-9-3 所示。

② ASL=(1×1+2×2+3×4+4×3)/10=29/10=2.9。

③ 对二叉排序树进行中序遍历即可以得到原关键字值的有序序列。

④ 对于关键字值的不同排列次序构造的二叉排序树中，最好情况二叉排序树的高度为 $\lceil \log_2 11 \rceil = 4$；最坏情况是原关键字值有序排列，则二叉排序树的高度为 10。

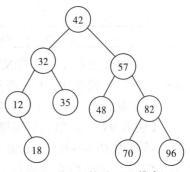

图 1-9-3　构造二叉排序

⑤ 查找 70，要比较 4 次才能找到，依次与 42、57、82、70 进行比较。

⑥ 在二叉树中删除结点可用中序直接前驱法（见图 1-9-4）或中序直接后继法（见图 1-9-5）。

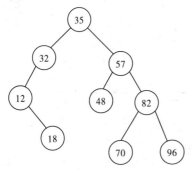

图 1-9-4　中序直接前驱法

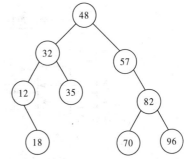

图 1-9-5　中序直接后继法

【**例 9.8**】现有一组单词（WEK,SUN,MON,TUE,WED,THU,FRI,SAT），其相应的散列函数值为（3,2,6,3,2,5,6,0），散列表长度为 10（散列地址空间为 0,…，9）。要求：

① 构造该散列表，并用线性探测法解决冲突。

② 若对每个元素查找一次，求总的比较次数。

解：① 构造散列函数 $H = \text{key}\%10$。

WEK 关键字为 3，$H=3\%10=3$，WEK 放在 3 单元。

SUN 关键字为 2，$H=2\%10=2$，SUN 放在 2 单元。

MON 关键字为 6，$H=6\%10=2$，MON 放在 6 单元。

TUE 关键字为 3，$H=3\%10=3$，和 WEK 冲突，由线性探测法 $H = (3+1)\%10 = 4$，TUE 放在 4 单元。

WED 关键字为 2，$H=2\%10=2$，和 SUN 冲突，由线性探测法 $H = (2+1)\%10 = 3$，还冲突；再求 $H = (2+2)\%10 = 4$，还冲突；再求 $H=(2+3)\%10 = 5$，WED 放在 5 单元。

THU 关键字为 5，$H=5\%10=5$，冲突。$H=(5+1)\%10=6$，还冲突；$H=(5+2)\%10=7$，THU 放在 7 单元。

FRI 关键字为 6，$H=6\%10=6$，冲突；$H=(6+1)\%10=7$，还冲突；$H=(6+2)\%10=8$，FRI 放在 8 单元。

SAT 关键字为 0，H=0%10=0，WEK 放在 0 单元。

0	1	2	3	4	5	6	7	8	9
SAT		SUN	WEK	TUE	WED	MON	THU	FRI	

② WEK 查找 1 次，SUN 查找 1 次，MON 查找 1 次，TUE 查找 2 次，WED 查找 4 次，THU 查找 2 次，FRI 查找 3 次，SAT 查找 1 次。

总比较次数=1+1+1+2+4+2+3+1=15(次)。

【例 9.9】给定结点的关键字序列为：12、18、30、70、20、8、63、15、19，设散列函数为 $H(k)=k\%11$，试画出采用拉链法解决冲突所构造的哈希表，并求出在等概率情况下的平均查找长度。

解：拉链法解决冲突的结果如图 1-9-6 所示。

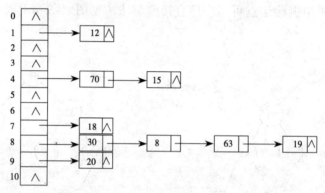

图 1-9-6　拉链法

在等概率情况下成功的平均查找长度为：ASL = (1×5+2×2+3×1+4×1)/9=16/9。

【例 9.10】设计一个算法，求出指定结点在给定的二叉排序树中所在的层数。

解：查找成功时的比较次数即为结点所在层数。可设置查找时计数，比较一次计数器加 1。若查找成功则返回计数器累加数字；不成功则返回 0。

【程序代码】

```
#include "stdio.h"
#include "type.h"
int search_depth(BiTree T,ElemType key)   //求当前结点所在层数
{
    BiTNode *p;
    int dep=0;
    p=T;
    while(p)
    {
        if(key==T->data)
        {
            dep++;
            break;
        }
        else if(key>T->data)
        {
```

```
            dep++;
            p=p->rchild;
        }
        else
        {
            dep++;
            p=p->lchild;
        }
    }
    if(p)
      return  dep;
    else
      return  0;
}
```

【例9.11】试编写利用二分查找法确定记录的所在块的分块查找算法。

分析：采用分块查找时，除了顺序表之外，还要有索引表。其中，索引表中含有各块索引。在各块中进行顺序查找时，监视哨可设在本块的表尾，即将下一块的第一个记录暂时移走（若本块内记录没有填满，则监视哨的位置仍在本块的尾部），待块内顺序查找完成后再移回来。此时增加了赋值运算，但免去了判断下标变量是否越界的比较。注意，最后一块需进行特殊处理。在块内进行顺序查找时，如果需要设置监视哨，则必须先保存相邻块的相邻元素，以免丢失数据。

【程序代码】

```
#include "type.h"
int Search_Idx(IdxSqlist L,int key)
{                                    //分块查找，二分查找确定块，块内顺序查找
    int i,j,k,low,high,mid,found,temp;
    if(key>L.idx[L.blknum].maxkey)
        return -1;                   //超过最大元素，返回-1
    low=1;
    high=L.blknum;
    found=0;
    while(low<=high&&!found)
    {
        mid=(low+high)/2;
        if(key<=L.idx[mid].maxkey&&key>L.idx[mid-1].maxkey)
            found=1;
        else if(key>L.idx[mid].maxkey)
            low=mid+1;
        else
            high=mid-1;
    }
    i=L.idx[mid].firstloc;           //块的下界
    j=i+blksize-1;
    temp=L.elem[i-1];                //保存相邻元素
        L.elem[i-1]=key;             //设置监视哨
    for(k=j;L.elem[k]!=key;k--)      //顺序查找
        L.elem[i-1]=temp;           //恢复元素
    if(k<i)
```

```
        return -1;                          //未找到,返回-1
    return k;
}
```

【例9.12】选取散列函数 $H(k)=k\%m$,并采用链地址法解决冲突,构造散列表。

分析:链地址法是散列查找最经常使用且很有效的解决冲突的一种方法,它是在散列表中每一个记录位置增加一个指针,将产生冲突的关键字对应的记录采用链表结构链接在它的后面,即一种采用动态链式存储结构将发生冲突的记录链接在同一链表中的方法。

【程序代码】

```
#include<stdio.h>
typedef struct nodel
{
    int key;
    struct nodel *next;
}nodel;
nodel ht[12];
void createhash(nodel ht[],int k,int m)//ht 为散列表,k 为插入关键字
{
    int i;
    nodel *p,*q;
    i=k%m;
    if(ht[i].key==k)
        printf("查找成功\n");
    else if(ht[i].key==-1)
        ht[i].key=k;                    //散列表中没有关键字 k 记录且没有值,将 k 插入
        else if(ht[i].next==NULL)
        {
            p=new nodel;                //p=(nodel *)malloc(sizeof(nodel));
            p->key=k;                   //插入记录 k
            p->next=NULL;
            ht[i].next=p;
        }
        else                           //在冲突链表中查找
        {
            q=ht[i].next;
            while(q->next!=NULL&&q->key!=k)
                q=q->next;
            if(q->key==k)
                printf("查找成功\n");
            else
            {
                p=new nodel;           //p=(nodel *)malloc(sizeof(nodel));
                p->key=k;              //插入记录 k
                p->next=NULL;
                q->next=p;
            }
        }
}
void main()
```

```
{
    int m=11,a[10]={23,36,16,28,40,87,49,60,61};
    int j,i;
    nodel *p;
    for(j=0;j<12;j++)                          //初始化散列表
    {
        ht[j].key=-1;
        ht[j].next=NULL;
    }
    for(j=0;j<9;j++)
        createhash(ht,a[j],m);                 //调用散列插入函数
    for(j=0;j<12;j++)                          //输出散列表
    {
        printf("\n%4d\t",j);
        if(ht[j].key!=-1)
            printf("%4d",ht[j].key);
        p=ht[j].next;
        while(p)
        {
            printf("%4d",p->key);
            p=p->next;
        }
    }
    printf("\n");
}
```

9.3 习题 9 解答

一、判断题答案

题目	（1）	（2）	（3）	（4）	（5）
答案	×	×	×	√	×

二、填空题答案

（1）任意　　　　　　　（2）必须有序　　　　　（3）索引

（4）静态　　　　　　　（5）固定不变的　　　　（6）动态

（7）动态　　　　　　　（8）$O(n)$　　　　　　（9）$O(\log_2 n)$

（10）$O(1)$　　　　　　（11）4　　　　　　　　（12）7

（13）左　　　　　　　　（14）平衡因子　　　　　（15）至多为 1

（16）查找　　　　　　　（17）冲突　　　　　　　（18）冲突

（19）链地址法　　　　　（20）质数

三、选择题答案

题目	（1）	（2）	（3）	（4）	（5）	（6）	（7）	（8）	（9）	（10）
答案	A	B	A	D	A	A	A	D	C	B
题目	（11）	（12）	（13）	（14）	（15）	（16）	（17）	（18）	（19）	（20）
答案	C	C	C	D	C	B	C	D	B	A

四、应用题答案

（1）① 构造的二叉排序树为：

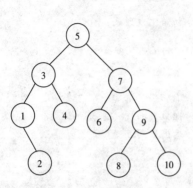

（2）① 构造的二叉排序树为：

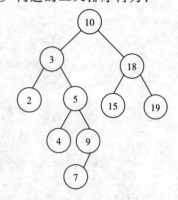

② ASL=(1×1+2×2+3×4+4×3)/10=2.9。

② ASL=(1×1+2×2+3×4+4×2+5×1)/10=3。

（3）

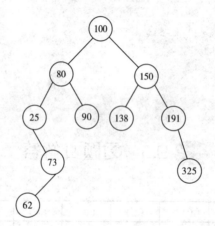

（4）①   ②

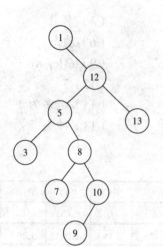

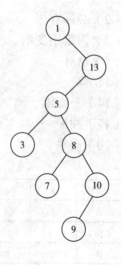

或

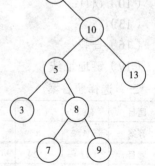

（5）① 构造的二叉排序树为：　　　　　　（6）① 构造的二叉排序树为：

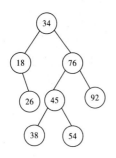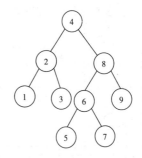

② ASL=(1×1+2×2+3×3+4×2)/8=2.75(或=11/4)。② ASL=(1×1+2×2+3×4+4×2)/9=2.78(或=25/9)。

（7）长度为 10 的判定树为：

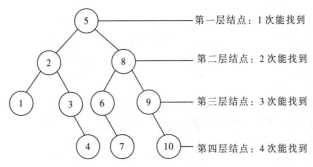

ASL= (1×1+2×2+3×4+4×3)/10=2.9。

（8）①　　　　　　　　　　　　　　　②

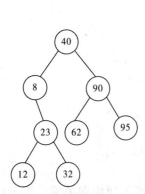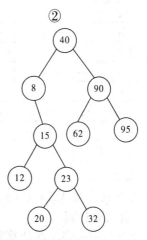

（9）线性探测再散列解决冲突时所构造的散列表为：

0	1	2	3	4	5	6	7	8	9	10	11	12
	14	1	68	27	55	19	20	84	79	23	11	10
	①	②	①	④	③	①	①	③	⑨	①	①	③

平均查找长度 ASL=(1×6+2×1+3×3+4×1+9×1)/12=2.5。

（10）平方探测再散列解决冲突时所构造的散列表为：

0	1	2	3	4	5	6	7	8	9	10
11	22	3	47	92	16		7	29	8	
①	②	③	①	①	①		①	②	②	

平均查找长度 ASL=(1×5+2×3+3×1)/9 = 14/9（或 1.56）。

（11）链地址法解决冲突时所构造的哈希表为：

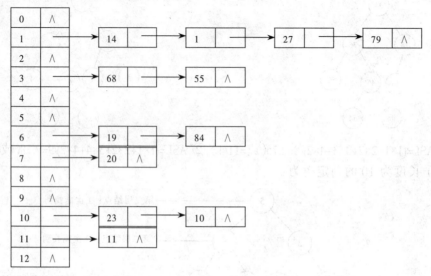

平均查找长度 ASL=(1×6+2×4+3×1+4×1)/12 = 21/12 =7/4（或 1.75）。

（12）链地址法解决冲突时所构造的哈希表为：

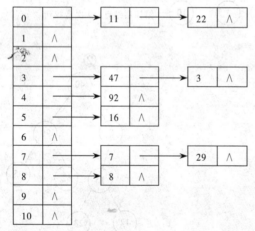

平均查找长度 ASL=(1×6+2×3)/9 = 12/9 = 4/3（或 1.33）。

五、算法设计题答案

（1）分析：实现本题的算法如下，如果查找成功，则返回指向关键字为 x 的结点的指针，否则返回 NULL。

【程序代码】

```
node *sqsearch(node *head,int x)
{
    node *p=head;
    while(p!=NULL)
    {
        if(x>p->key)
            p=p->link;
        else
```

```
        if(x==p->key)
           return p;
        else
        {
           p=NULL;
           return p;
        }
   }
}
```

（2）分析：首先计算要删除的关键字为 k 的记录所在的位置，将其置为空（即删除），然后利用线性探测法查找是否有与 k 发生冲突而存储到下一地址的记录，如果有则将记录移到原来 k 所在的位置，直至表中没有与 k 冲突的记录为止。

【程序代码】

```
void delete(sqlist r,int n,int k)
{
   int h,h0,h1;
   h=k%n;
   while(r[h].key!=k)
      h=(h+1)%n;
   r[h]=NULL;
   h0=h;
   h1=(h+1)%n;
   while(h1!=h)
   {
      while(r[h1].key%n!=h)
         h1=(h1+1)%n;
      r[h0]=r[h1];
      r[h1]=NULL;
      h0=h1;
      h1=(h1+1)%n;
   }
}
```

（3）分析：先计算地址 H(R.key)，如果没有冲突，则直接填入；否则利用线性探测法求出下一地址，直到找到一个不冲突的地址，然后填入。实现本题功能的函数如下：

【程序代码】

```
void insert(record H,int m,record R)
{
   int i;
   i=H(R.key);
   if(H[i]==NULL)
      H[i]=R;
   else
   {
      while(H[i]!=NULL)
         i=(i+1)%(m+1);
      H[i]=R;
   }
}
```

（4）【程序代码】

```
void level(BSTree root,p)
{ int level=0;
   if (!root)
     return 0;
   else
     { level ++;
        while (root->key!=p->key)
        { if (root->key< p->key)
             root=root->lchild;
           else
             root=root->rchild;
           level ++;
        }
     return level;
   }
}
```

（5）【程序代码】

```
#define n 20
#define m 30
typedef struct
{ int key;
}nodetype;
typedef nodetype s1[m+1];
main()
{ int i,key,x;
   s1 r;
   for (i=0;i<n;i++)
   { scanf("%d",&key); r[i].key=key; }
     scanf("%d",&x);
     insertx(r,x);
     printf("output result");
     for (i=0;i<n+1;i++)
       { printf("%d",r[i]); r[i].key=key; }
   }
void insertx(s1 r,int x)
{ int low,high,mid,pos,i,find;
   low=1;high=n;find=0;
   while ((low<=high)&&!find)
{ mid=(low+high)/2;
   if (x<r[mid])
     high=mid-1;
   else
     if (x>r[mid])
        low=mid+1;
     else
        { i=mid;find=1;}
}
if (find)
  pos=mid;
else
  pos=low;
for (i=1;i>pos;j--)
    r[i+1].key=r[i].key;
  r[pos].key=x;
}
```

排 序 <<<

10.1 知识点分析

1. 排序基本概念

（1）排序

将数据元素（或记录）的任意序列，重新排列成一个按关键字有序递增（或递减）的序列的过程称为排序。

（2）排序方法的稳定和不稳定

若对任意的数据元素序列，使用某个排序方法对它按关键字进行排序，若对原先具有相同键值元素间的位置关系，排序前与排序后保持一致，称此排序方法是稳定的；反之，则称为不稳定的。

（3）内排序

整个排序过程都在内存中进行的排序称为内排序。

（4）外排序

待排序的数据元素量大，以致内存一次不能容纳全部记录时，在排序过程中需要对外存进行访问的排序称为外排序。

2. 直接插入排序

直接插入排序法是将一个记录插到已排序好的有序表中，从而得到一个新的记录，且记录数加 1 的有序表。

3. 二分插入排序

二分插入排序法是用二分查找法在有序表中找到正确的插入位置，然后移动记录，空出插入位置，再进行插入的排序方法。

4. 希尔排序

希尔排序的基本思想：先选取一个小于 n 的整数 d_1 作为第一个增量，把待排序的数据分成 d_1 个组，所有距离为 d_1 的倍数的记录放在同一个组内，在各组内进行直接插入排序，每一趟排序会使数据更接近于有序。然后，取第二个增量 d_2，$d_2 < d_1$，重复进行上述分组和排序，直至所取的增量 $d_i = 1$（其中，$d_i < d_{i-1} < \cdots < d_2 < d_1$），即所有记录在同一组进行直接插入排序后为止。

5. 冒泡排序

冒泡法是指每相邻两个记录关键字比较大小，大的记录往下沉（也可以小的往上浮）。每一遍把最后一个下沉的位置记下，下一遍只需检查比较到此为止；到所有记录都不发生下沉时，整个过程结束。

6．快速排序

快速排序法是通过一趟排序，将待排序的记录组分割成独立的两部分，其中前一部分记录的排序关键字均比枢轴元素记录的关键字小；后一部分记录的关键字均比枢轴元素记录的关键字大，枢轴元素得到了它在整个序列中的最终位置并被存放好。第二趟再分别对分割成两部分的子序列进行快速排序，这两部分子序列中的枢轴元素也得到了最终在序列中的位置而被存放好，并且它们又分别分割出独立的两个子序列……不断递归进行下去，直到每个待排序的子序列中只有一个记录为止。

7．简单选择排序

① 初始状态：整个数组 r 划分成两部分，即有序区（初始为空）和无序区。

② 基本操作：从无序区中选择关键字值最小的记录，将其与无序区的第一个记录交换位置（实质是添加到有序区尾部）。

③ 从初态（有序区为空）开始，重复步骤②，直到终态（无序区为空）。

8．堆排序

① 把用数组来存储待排序的数据，转换成一棵完全二叉树。

② 利用完全二叉树双亲结点和孩子结点之间的内在关系，将其建成堆，从而在当前无序区中选择关键字最大的记录，然后将最大的关键字取出。

③ 对剩下的关键字再建堆，得到次大的关键字。

④ 如此反复进行，直到最小值，从而将全部关键字排序好为止。

9．归并排序

归并排序是将两个或两个以上的有序子表合并成一个新的有序表。其基本思想是：

① 将 n 个记录的待排序序列看成是由 n 个长度都为 1 的有序子表组成的。

② 将两两相邻的子表归并为一个有序子表。

③ 重复上述步骤，直至归并为一个长度为 n 的有序表。

10．各种排序方法的比较

评估一个排序方法的好坏，除了用于排序的时间及空间外，尚需考虑稳定度、最坏状况和程序的编写难易程度。以下就常用的排序法按最坏情况下所需时间、平均所需时间、是否属于稳定排序、所需的额外空间等以表 1-10-1 来表示。

表 1-10-1　排序性能比较表

排　序　法	最坏所需时间	平均所需时间	稳　定　性	所需的额外空间
直接插入	$O(n^2)$	$O(n^2)$	Yes	$O(1)$
希尔排序	$O(n^2)$	$O(n^{1.3})$	No	$O(1)$
冒泡排序	$O(n^2)$	$O(n^2)$	Yes	$O(1)$
快速排序	$O(n^2)$	$O(n\log_2 n)$	No	$O(\log_2 n)$
简单选择排序	$O(n^2)$	$O(n^2)$	Yes	$O(1)$
堆排序	$O(n\log_2 n)$	$O(n\log_2 n)$	No	$O(1)$
归并排序	$O(n\log_2 n)$	$O(n\log_2 n)$	Yes	$O(n)$

10.2　典型习题分析

【例 10.1】当初始序列已按关键字有序排列时，用直接插入算法进行排序，需要比较的次数为（　　）。

A. $n-1$　　　　B. $\log_2 n$　　　　C. $2\log_2 n$　　　　D. n^2

分析：直接插入排序是每趟从待排序列中取一个元素，按关键字从有序区间的尾部向前查找插入位置。当初始序列已按关键字值有序时，则每趟比较一个就找到了正确位置，也就是本身位置，则 n 个元素需要进行 $n-1$ 趟排序，故总的比较为 $n-1$ 次，答案为 A。

解：A。

【例 10.2】一组记录的键值为{12，38，35，25，74，50，63，90}，按二路归并排序方法对该序列进行一趟归并后的结果为（　　）。

A. 12，38，25，35，50，74，63，90　　B. 12，38，35，25，74，50，63，90

C. 12，25，35，38，50，74，63，90　　D. 12，35，38，25，63，50，74，90

分析：二路归并排序是将两个有序子表合并成一个新的有序表。其基本思想是：

① 将 n 个记录的待排序序列看成是由 n 个长度都为 1 的有序子表组成的；

② 将两两相邻的子表归并为一个有序子表；

③ 重复上述步骤，直至归并为一个长度为 n 的有序表。

初始值：　　　　12　　38　　35　　25　　74　　50　　63　　90

第一趟排序结果：12　　38　　25　　35　　50　　74　　63　　90

解：A。

【例 10.3】待排序的记录初态是按码值降序排列的，若欲将其按码值升序重新排列，则直接插入排序、简单选择排序和冒泡排序哪一个更好？

解：当待排序的记录初态是按码值降序排列时，用冒泡排序法比较和交换的次数最多；而直接插入排序和简单选择排序的比较次数相近。但是，直接插入排序时记录的移动次数比较多。所以，当待排序的记录初态是按码值降序排列，要按码值升序重新排列时，用简单选择排序更好。

【例 10.4】设待排序记录的初态是按关键字值递增排列的，分别用堆排序、快速排序、冒泡排序和归并排序方法对其仍按递增进行排序，则哪种排序方法最省时间？哪种排序方法最费时间？

解：堆排序和归并排序所用时间复杂度为 $O(n\log_2 n)$，当待排记录的初始状态是按关键字值递增时，用快速排序法，因为每次选取的中间元素都是最小的，故划分出的左、右两个区域一个为空，另一个比原区域少一个元素，使得元素比较只比上一趟少一次，所以总的时间复杂度为 $O(n^2)$。对于冒泡排序来说，其平均所需时间和最坏所需时间都是 $O(n^2)$，但是如果在算法中设置一个标志 flag，用于记录每趟排序中是否出现记录的交换。如果没有交换，则表明待排序序列已经有序，则可结束排序。

综上所述，本题采用冒泡排序所用时间最省；采用快速排序最费时间。

【例 10.5】设有 n 个互不相同的元素，试问能否用少于 $2n-3$ 次的比较次数，从

这 n 个关键字中选出最大元素和最小元素？

解：若采用先选最小元素（通过 $n-1$ 次比较得到），再在剩余的 $n-1$ 个元素中选最大元素（通过 $n-2$ 次比较得到）的方法，则共需要 $(n-1)+(n-2)=2n-3$ 次比较。

可以通过成对比较元素，来减少比较次数。具体方法如下：

先比较第一对元素，较小者为当前最小变量 min，较大者为当前最大变量 max；然后依次对第 i 对元素（ $i=2,3,\cdots,\lceil n/2 \rceil$，进行比较。对于每一对元素，做一次比较（大小）以后，分别将较小者和当前最小元素变量 min 比较；将较大者和当前最大元素变量 max 比较（共比较 3 次）。若较小者小于 min，则令较小者取代当前的 min；若较大者大于 max，则令较大者取代当前的 max。待所有元素比较完成以后，max 和 min 分别就是最大元素和最小元素。

因为第一对元素只比较了一次，其余的各对元素分别都需要进行三次比较，所以总的比较次数是：$1+(\lceil n/2 \rceil-1)3=3\lceil n/2 \rceil-2$，显然小于 $2n-3$ 次。

【例 10.6】已知序列{503，87，512，61，908，170，897，275，653，462}，请给出采用快速排序法做升序排序时的第一趟的结果。

分析：设待排序列的下界和上界分别为 low 和 high，$R[low]$ 是枢轴元素，一趟快速排序的具体过程如下：

① 首先将 $R[low]$ 中的记录保存到 pivot 变量中，用两个整型变量 i、j 分别指向 low 和 high 所在位置上的记录。

② 先从 j 所指的记录起自右向左逐一将关键字和 pivot.key 进行比较，当找到第一个关键字小于 pivot.key 的记录时，将此记录复制到 i 所指的位置上去。

③ 然后从 $i+1$ 所指的记录起自左向右逐一将关键字和 pivot.key 进行比较，当找到第一个关键字大于 pivot.key 的记录时，将该记录复制到 j 所指的位置上去。

④ 接着再从 $j-1$ 所指的记录重复以上的②、③两步骤，直到 $i=j$ 为止，此时将 pivot 中的记录放回到 i（或 j）的位置上。一趟快速排序完成。

排序过程如下：

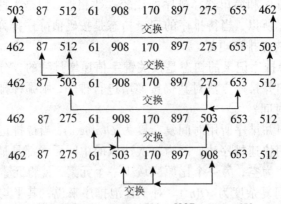

第一趟快速排序结果是 462，87，275，61，170，503，897，908，653，512。

【例 10.7】在快速排序法中，当 $R[low,\cdots,high]$ 中的关键字有序时，Partition (int i,int j)（参考快速排序算法）的返回值是什么？此时快速排序的运行时间是多少？

应该如何修改，才能使得划分的结果是平衡的？

分析：如果 $R[low, \cdots, high]$ 中的关键字是递增有序的，则 Partition() 返回值是 low；如果 $R[low, \cdots, high]$ 中的关键字是递减有序的，则 Partition() 返回值是 high。在这两种情况下，快速排序的运行时间均为 $O(n^2)$。

要使划分的结果尽可能平衡，选取其中间位置上的记录作为划分的基准为宜。可以通过修改 Partition() 来实现：在进入扫描循环之前，取 $R[(low+high)/2]$ 作为划分元，将其与 $R[low]$ 交换，然后进入扫描循环。但是，若 $R[low, \cdots, high]$ 中的所有关键字均相同，则该方法仍然不能奏效，此时可以采用如下算法：

【程序代码】

```
int Partition(SeqList R,int *i,int *j)
{
    int pivot=R[(*i+*j)/2].key;        //*i 和*j 是当前无序区的下界和上界
    RecType temp;
    while(*i<=*j)
    {
        while(R[*i].key<pirot)
            (*i)++;
        while(R[*j].key>pirot)
            (*j)--;
        if(*i<=*j)
        {
            temp=R[*i];
            R[*i]=R[*j];
            R[*j]=temp;
            (*i)++;
            (*j)--;
        }
    }
}
void QuickSort(SeqList R,int low,int high)    //递归形式的快速排序
{
    int i=low,j=high;
    if(low<high)
    {
        Partition(R,&i,$j);                //调用 Partition()函数
        QuickSort(R,low,j);                //对低子表递归排序
        QuickSort(R,i,high);               //对高子表递归排序
    }
}
```

【例 10.8】利用一维数组 a 可以对 n 个整数进行排序，其中一种排序算法的处理思想是：将 n 个整数分别作为数组 a 的 n 个元素的值，每次（即第 i 次）从元素 $a[i]\sim a[n]$ 中挑出最小的一个元素（$a[k]$（$i\leq k\leq n$）），然后将 $a[k]$ 与 $a[i]$ 换位。这样反复 $n-1$ 次完成排序。编写实现上述算法的函数 void sort(int a[],int n)。

分析：本排序法为直接选择排序法，算法如下：

【程序代码】

```
void sort(int a[],int n) //对数组 a 中 n 个元素进行直接选择排序
```

```
{
  int i,j,x,m;
  for(i=1;i<=n-1;i++)
  {
    min=i;                    //min 保存当前最小元素下标，初始值为 i
    for(j=i+1;j<=n;j++)//从下一个元素到最后一个元素，找最小元素，并把下标存放在min中
    if(a[j]<a[min])
      min=j;
    if(i!=min)                //如果第 i 个元素不是当前最小元素，则将最小元素与之交换
    {
      x=a[i];
      a[i]=a[min];
      a[min]=x;
    }
  }
}
```

【例 10.9】将哨兵放在 $R[n]$ 中，被排序的记录放在 $R[0, \cdots, n-1]$ 中，重新编写直接插入排序算法。

分析： 用 $R[n]$ 做哨兵，则在插入数据时是由后向前递推，即来一个待插入的数，把该数插入到其后的序列是有序的数据序列中，此时把待插入的数放到 $R[n]$ 中，然后找到插入其后序列的合适位置，此时需要把后续数据中的部分逐个前移，空出适当位置后，把 $R[n]$ 中保存的插入值直接放到空位置中去。

【程序代码】

```
void InsertSort(SqList R)
{
  int i,j;
  for(i=n-2;i>=0;i--)
    if(R[i].key>R[i+1].key)
    {
      R[n]=R[i];              //R[n]是哨兵
      j=i+1;
      do{
        R[j-1]=R[j];          //将关键字小于 R[i].key 的记录向右移
        j++;
      }while(R[j].key<R[n].key);
      R[j-1]=R[n];            //将 R[i]插入到正确位置上
    }
}
```

【例 10.10】奇偶交换排序。它的第一趟对序列中的所有奇数项 i 进行扫描，第二趟对序列中的所有偶数项 i 进行扫描。若 $A[i]>A[i+1]$，则交换位置。第三趟对所有的奇数项进行扫描，第四趟对所有的偶数项进行扫描……如此反复，直到整个序列全部排好序为止。

分析： 根据题目要求，可设一个布尔变量 BL，判断在每一次做过一趟奇数项扫描和一趟偶数项扫描后是否有过交换。若 BL 为 1，表示刚才有过交换，还需继续做下一趟奇数项扫描和一趟偶数项扫描；若 BL 为 0，表示刚才没有交换，可以结束排序。

【程序代码】

```
OddEvenSort(int Vector[],int n)
```

```
{
    int i,BL,temp;
    do{
        BL=0;
        for(i=1;i<n-1;i+=2)               //扫描所有奇数项
            if(Vector[i]>Vector[i+1])     //相邻两项比较，发生逆序
            {
                BL=1;                      //做交换标记
                temp=Vector[i];            //交换
                Vector[i]=Vector[i+1];
                Vector[i+1]=temp;
            }
        for(i=0;i<n-1;i+=2)               //扫描所有偶数项
            if(Vector[i]>Vector[i+1])     //相邻两项比较，发生逆序
            {
                BL=1;                      //做交换标记
                temp=Vector[i];            //交换
                Vector[i]=Vector[i+1];
                Vector[i+1]=temp;
            }
    }while(BL!=0);
}
```

10.3　习题 10 解答

一、判断题答案

题目	（1）	（2）	（3）	（4）	（5）
答案	×	√	×	×	√

二、填空题答案

（1）比较　　　　　　　（2）时间复杂度　　　　　（3）内排序

（4）外存　　　　　　　（5）稳定　　　　　　　　（6）不稳定

（7）快速　　　　　　　（8）插入排序　　　　　　（9）冒泡

（10）$n-1$　　　　　　（11）$O(n^2)$　　　　　　（12）选择

（13）$i-1$　　　　　　（14）$O(n\log_2 n)$　　　　（15）$O(n^2)$

（16）$O(n\log_2 n)$　　　（17）$O(n)$　　　　　　　（18）3

（19）L_2　　　　　　　（20）54，72，60，96，80

三、选择题答案

题目	（1）	（2）	（3）	（4）	（5）	（6）	（7）	（8）	（9）	（10）
答案	A	D	A	B	B	B	C	D	B	C

题目	（11）	（12）	（13）	（14）	（15）	（16）	（17）	（18）	（19）	（20）
答案	B	D	C	A	A	A	B	B	A	C

四、排序过程分析答案

（1）　　　　　　　　18　17　60　40　07　32　73　65

第一趟结束时结果：[17　18]　60　40　07　32　73　65

第二趟结束时结果： [17 18 60] 40 07 32 73 65
第三趟结束时结果： [17 18 40 60] 07 32 73 65
第四趟结束时结果： [07 17 18 40 60] 32 73 65
第五趟结束时结果： [07 17 18 32 40 60] 73 65
第六趟结束时结果： [07 17 18 32 40 60 73] 65
第七趟结束时结果： [07 17 18 32 40 60 65 73]

（2）　　　　　　80 18 09 90 27 75 42 69 　34

第一趟排序结果： 18 09 80 27 75 42 69 34 ⎡90⎤

第二趟排序结果： 09 18 27 75 42 69 34 ⎡80⎤

第三趟排序结果： 09 18 27 42 69 34 ⎡75⎤

第四趟排序结果： 09 18 27 42 34 ⎡69⎤

第五趟排序结果： 09 18 27 34 ⎡40⎤

第六趟排序结果： 09 18 27 ⎡34⎤

第六趟排序过程中已无记录交换，排序结束。

（3）　12 02 16 30 28 10 17 20 06 18

$d=5$

　　　10 02 16 06 18 12 17 20 30 28

$d=2$

　　　12 02 16 06 17 12 18 20 30 28

$d=1$　02 06 10 12 16 17 18 20 28 30

（4）　[10]　[18]　　[4]　　[3]　　[6]　　[12]　　[9]　　[15]

　　　　[10　18]　[3　　4]　[6　　12]　[9　　15]　　第一趟排序结果

　　　　[3　4　10　18]　[6　　9　　12　15]　　第二趟排序结果
　　　　[3　4　6　9　10　12　15　18]　　第三趟排序结果

（5）[53　36　48　36　60　7　18　41]
　　（7）[36　48　36　60　53　18　41]
　　（7　18）[48　36　60　53　36　41]
　　（7　18　36）[48　60　53　36　41]
　　（7　18　36　36）[60　53　48　41]
　　（7　18　36　36　41）[53　48　60]
　　（7　18　36　36　41　48）[53　60]

（7　　18　　<u>36</u>　　36　　　41　　48　　53）[60]

（7　　18　　<u>36</u>　　36　　　41　　48　　53　　60）

（6）

第一趟排序结果：7　　1　　[10]　　18　　15　　15

五、程序填空答案

（1）n　　　　　　　　　　（2）n　　　　　　　　　　（3）<=

（4）m=(low+high)/2　　　（5）R[j]

六、算法题答案

（1）【程序代码】

```
void selectsort(pointer h)
{
    pointer p,q,r,s,t;
    t=NULL;
    while(h)
    {
        p=h;
        q=NULL;
        s=h;
        r=NULL;
        while(p)
        {
            if(p->key<s->key)
            {
                s=p;
                p=q;
            }
            if(s==h)
                h=h->link;
            else
                h=s;
            s->link=t;
            t=s;
        }
        h=t;
    }
}
```

（2）【程序代码】

```
void InsertList(List head)
{
    Lnode *p,*pprev,q,*qprev,*current;
    if(!head)
        return;
```

```
   pprev=head;
   p=head->next;
   while(p)
   {
      q=head;
      qprev=NULL;
      while(q->key<p->key)                //查找插入位置
      {
         qprev=q;
         q=q->next;
      }
      if(q==p)                            //p最大，无须插入
      {
         pprev=p;
         p=p->next;
      }
      else
      {
         current=p;p=p->next;
         pprev->next=p;
         current->next=q;
         if(q==head)                      //插在表头
            head=current;
         else                             //插在中间某个位置上
            qprev->next=current;
      }
   }
}
```

（3）【程序代码】

```
void part(int a[])
{
   i=1;
   j=n;                                   //初、终下标
   while(i<j)
   {
      while(i<j&&a[j]>=0)                 //自右向左找非负数
         j--;
      while(i<j&&a[i]<0)                  //自左向右找负数
         i++;
      if(i<j)
      {
         t=a[i];
         a[i]=a[j];
         a[j]=t;
         i++;
         j--;
      }
   }
}
```

（4）设已排序的文件用单链表表示，再插入一个新记录，仍然按关键字从小到大的顺序排序，试写出该算法。

【程序代码】

```
void insert(lklist head;datatype x)
```

```
{
  s=new (node);
  s->key=x;
  s->next=NULL;
  if(head==NULL)
     head=s;
  else
  {
     p=head;
     q=NULL;
     while((p!=NULL)&&(s->key>p->key))
     {
        q=p;
        p=p->next;
     }
     if(q==NULL)
     {
        s->next=head;
        head=s;
     }
     else
     {
        if(p==NULL)
           q->next=s;
        else
        {
           s->next=q->next;
           q->next=s;
        }
     }
  }
}
```

（5）【程序代码】

```
typedef struct node          // 二叉排序树结点结构
{ char data;
  struct node *left,* right;
}BSTNode;                     // 二叉树结点类型
BTree *del(BSTNode *&t,char x) // 返回大于 x 的子树
{ BSTNode *p=T;
  if (t->data==x)            // 删除整棵小于等 x 的树
     t=NULL;
  else
     { do
          if (x>p->data)
             p=p->right;
          else
             if (x<p->data)
                p=p->left;
     }while (p->data!=x);
  if (p->right==NULL)
     return NULL;
  else
     return p->right;
}
```

第②部分

自主设计实验指导

学生成绩分析程序 ‹‹‹

1. **实验目的**

① 复习 C（或 C++）语言的基本描述方法。

② 熟练掌握数组的用法。

③ 提高运用 C（或 C++）语言解决实际问题的能力。

2. **实验内容**

设一个班有 10 个学生，每个学生有学号，以及数学、物理、英语、语文、体育 5 门课的成绩信息。分别编写 3 个函数以实现以下 3 个要求：

① 求数学的平均成绩。

② 对于有两门以上课程不及格的学生，输出他们的学号、各门课成绩及平均成绩。

③ 输出成绩优良的学生（平均成绩在 85 分以上或全部成绩都在 80 分以上）的学号、各门课成绩和平均成绩。

3. **程序设计思路**

① 学生记录用结构体 stnode 实现，结构体包括：学号（id）、姓名（name）、平均成绩（ave），以及数组 int cls[5]，用来存放数学、物理、英语、语文、体育 5 门课的成绩。

② 平均分 ave=(cls[0]+cls[1]+cls[2]+cls[3]+cls[4])/5。

③ 定义 average()、nopass()、good() 3 个函数，分别处理数学平均成绩、两门以上课程不及格的学生和成绩优良的学生。

4. **参考程序**

【程序代码】

```
#include<stdio.h>
#include<string.h>
#define m 5
#define NULL 0
typedef struct stnode
{
    char id;
    char name[16];
    int cls[5];
    float ave;
    struct stnode *next;
}students;
students *head;
```

```
int n;
void average()                //求平均成绩函数
{
    int i,j;
    float sum,aver;
    students *p;
    printf("\n\t*********数学平均成绩***********\n");
    for(i=0;i<1;i++)          //i<1 只求数学平均成绩; i<m 则可以统计各课的平均成绩
    {
        j=0;
        sum=0;
        p=head;
        while(p->next)
        {
            sum=sum+p->cls[i];
            p=p->next;
            j++;
        }
        aver=sum/j;
        printf("\n\t   数学平均成绩: %5.2f\n",aver);
    }
}
void nopass()                      //不及格学生函数
{
    int i,t;
    students *p;
    p=head;                        //从第一个结点开始查找
    printf("\n\t*********有两门或两门以上课程不及格的学生***********\n");
    printf("\n\t****学号**数学**物理**英语**语文**体育**平均成绩****\n");
    while(p->next)                 //最后一个结点无数据，不用输出
    {
        i=0;
        t=0;
        while(i<m)
        {
            if(p->cls[i]<60)
            {
                t++;
            }
            i++;
            if(t>=2)               //判断是否满足两门以上
            {
                printf("\t%7d",p->id);
                for(i=0;i<m;i++)
                    printf("%6d",p->cls[i]);
                printf("%8.2f\n",p->ave);
                i=m;               //用于跳出 while 语句
            }
        }
        p=p->next;                 //查找下一个学生
    }
}
```

```
void good()                          //优秀学生函数
{
    students *p;
    p=head;
    int i,j,t=0;
    printf("\n\t***优秀(平均成绩大于85分或全部课程80分以上)学生***\n");
    printf("\n\t****学号**数学**物理**英语**语文**体育**平均成绩****\n");
    while(p->next)
    {
        if(p->ave>85.0)                  //判断是否是大于85分
        {
            printf("\t%7d",p->id);
            for(i=0;i<m;i++)
                printf("%6d",p->cls[i]);
            printf("%8.2f\n",p->ave);
            t++;                         //累计优秀学生个数
        }
        else
        {
            i=0;
            j=0;
            while(i<m)                   //查看每一门课是否大于80分
            {
                if(p->cls[i]>80)
                    j++;
                i++;
            }
            if(j==5)                     //符合优秀条件的输出
            {
                printf("\t%7d",p->id);
                for(i=0;i<m;i++)
                    printf("%6d",p->cls[i]);
                printf("%8.2f\n",p->ave);
                t++;                     //累计优秀学生个数
            }
        }
        p=p->next;
    }
    if(t<=0)                          //如果不存在优秀学生时
        printf("\t\t\t无成绩优秀学生! \n");
}
void main()
{
    students *p,*q;
    int i,j;
    float sum;
    printf("\n\t\t***********欢迎进入学生成绩管理系统************\n");
    head=new students;
    q=head;
    for(i=0;i<3;i++)                 //i规定了学生人数，为了调试方便，本例取三人
    {
        printf("\n\t请输入第%d位学生的学号，姓名(以回车分隔): ",i+1);
        p=q;
```

```
        scanf("%d\n",&p->id);
        scanf("%s",&p->name);
        j=0;
        printf("\n\t请输入第%d位学生的数学成绩:",i+1);
        scanf("%d",&p->cls[j]);
        j++;
        printf("\n\t请输入第%d位学生的物理成绩:",i+1);
        scanf("%d",&p->cls[j]);
        j++;
        printf("\n\t请输入第%d位学生的英语成绩:",i+1);
        scanf("%d",&p->cls[j]);
        j++;
        printf("\n\t请输入第%d位学生的语文成绩:",i+1);
        scanf("%d",&p->cls[j]);
        j++;
        printf("\n\t请输入第%d位学生的体育成绩:",i+1);
        scanf("%d",&p->cls[j]);
        q=new students;
        q->next=NULL;
        p->next=q;
    }
    p=head;
    while(p->next)
    {
        sum=0;
        for(j=0;j<m;j++)
            sum=sum+p->cls[j];
        p->ave=sum/m;
        p=p->next;
    }
    average();
    nopass();
    good();
}
```

5. 程序运行

按屏幕提示输入 3 个人的成绩，要求输入有两门以上不及格的学生成绩和符合优秀条件的学生成绩，如图 2-1-1 所示。

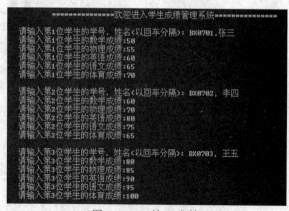

图 2-1-1　输入成绩

检验输出结果是否正确，如图 2-1-2 所示。

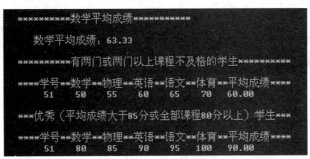

图 2-1-2　输出结果

6．算法分析

设人数为 n，课程的门数为 m。

数学平均成绩处理函数 average() 的时间频度为 $T_1(n)=4+m\times(3+3n+2)=4+3m+3mn+2m=3mn+5m+4=3n+9$。因为 $m=1,T(n)=3n+9$，时间复杂度为 $O(n)$。

两门以上课程不及格学生处理函数 nopass() 的时间频度为 $T_2(n)=5+n\times(2+m\times(1+1+m+2)+1)=5+2n+4nm+nm^2$，时间复杂度为 $O(n\times m^2)$。

成绩优良学生处理函数 good() 的时间频度为 $T_3(n)=5+n\times(2+m+1+1+m+2+1)+1=6+7n+2nm$，时间复杂度为 $O(n\times m)$。

总时间频度为 $T(n)=5+n[(1+m+2)+(2+2m)+(1+m+2)+1]+1=5+7n+4nm$。

时间复杂度为 $O(n\times m)$。

空间复杂度是指除了需要存储空间来存放本身所用的指令、常数、变量和输入数据以外的空间。本程序空间复杂度为 $O(1)$。

多项式求和 《《《

1. 实验目的

① 掌握线性表的顺序存储结构和链式存储结构。

② 掌握线性表插入、删除等基本运算。

③ 掌握线性表的典型应用——多项式求和。

2. 实验内容

① 用顺序存储结构实现多项式求和运算。

② 用链式存储结构实现多项式求和运算。

3. 顺序存储结构的实现

（1）程序设计思路

将两个多项式分别生成两个顺序表，将多项式值按常数项、一次项系数、二次项系数……作为顺序表元素值，注意默认项系数为 0，然后将两个顺序表对应元素合并。

（2）顺序表数据类型定义

【程序代码】

```
#define MAXLEN 100
typedef struct
{
    int  data[MAXLEN];
    int  last;
}SeqList;
```

（3）参考程序

【程序代码】

```
#include<stdio.h>
#define MAXLEN 100
typedef struct
{
    int  data[MAXLEN];
    int  last;
}SeqList;
void add List(SeqList A,SeqList B,SeqList *C) //多项式相加
{
    int i;
    C->last=A.last>B.last?A.last:B.last;
    for(i=0;i<=C->last;i++)
        C->data[i]=A.data[i]+B.data[i];
}
void show list(SeqList C)                     //显示多项式
{
```

```
    int i;
    for(i=C.last;i>=1;i--)
      if(C.data[i])
        printf("\(%dx^%d\)+",C.data[i],i);
    printf("\(%dx^%d\)\n",C.data[0],0);

}
void create list(SeqList *D)                        //生成一个多项式
{
    int n,i;
    printf("请按多项式 X 的最高次数: ");
    scanf("%d",&n);
    for(int k=99;k>=0;k--)
      D->data[k]=0;
    printf("请按多项式 X 的次数由大到小输入系数, 缺少项用 0 补齐\n");
    for(i=n;i>=0;i--)
    {
        printf("输入 X^%d 项的系数:   ",i);
        scanf("%d",&D->data[i]);
    }
    D->last=n;
}
void main()                                         //主程序
{
    SeqList A,B,C;
    printf("生成多项式 A(x):\n");
    create list(&A);
    printf("A(x)=");
    show list(A);
    printf("生成多项式 B(x):\n");
    create list(&B);
    printf("B(x)=");
    show list(B);
    printf("多项式 A(x)和 B(x)的和 ");
    add List (A,B,&C);
    printf("C(x)=");
    show list(C);
}
```

（4）程序运行

第一组数据：已知 $f(x)= 8x^6+5x^5-10x^4+32x^2-x+10$，$g(x)=7x^5+10x^4-20x^3-10x^2+x$，运行结果如图 2-2-1 所示。

第二组数据：已知 $f(x)=-10x^5+2x^4-7x+10$、$g(x)=10x^5+2x^3-10x^2-10$，运行结果如图 2-2-2 所示。

（5）算法分析

时间复杂度：主程序 main() 中没有出现循环语句，时间频度为 $T_1(n)=1+1+1+1+1+1+1+1+1+1+1+1$，时间复杂度为 $O(1)$。

函数 add_List(SeqList A, SeqList B, SeqList *C)中出现一层循环语句，时间频度为 $T_2(n)=1+1+n= 2+n$。

函数 show_list(SeqList C)中出现一层循环语句，时间频度为 $T_3(n)=1+n+1=2+n$。

函数 create_list(SeqList *D)中出现一层循环语句两个，时间频度为 $T_4(n)=1+1+1+n+1+2n+1=5+3n$。

整个程序时间频度为：$T(n)=T_1(n)+T_2(n)+T_3(n)+T_4(n)=22+5n$，时间复杂度为 $O(n)$。空间复杂度为 $O(1)$。

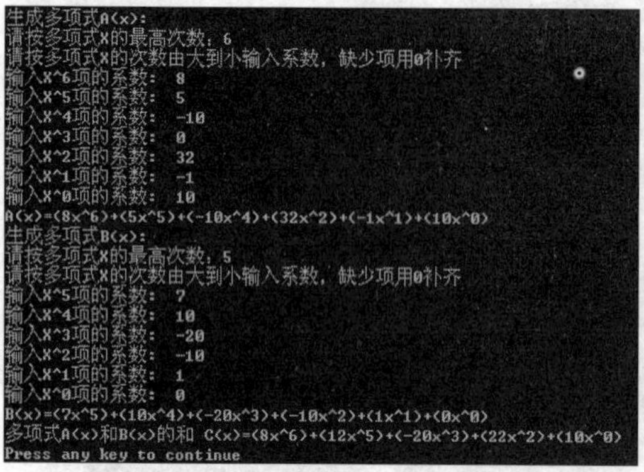

图 2-2-1　第一组数据的运行结果

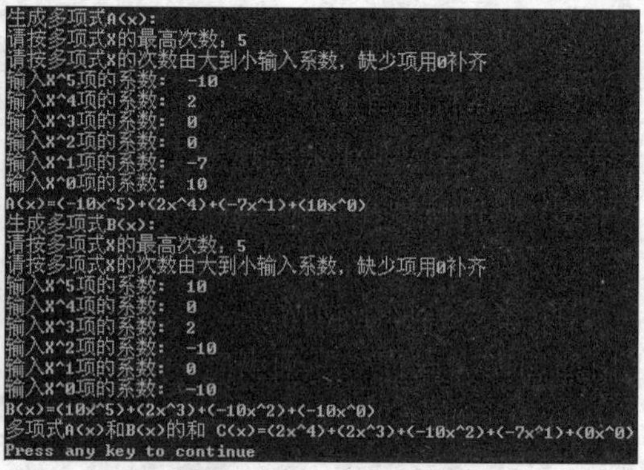

图 2-2-2　第二组数据的运行结果

4. 链式存储结构的实现

（1）程序设计思路

将两个多项式分别按照 x 指数由大到小生成有序单链表，多项式合并就是将两个有序单链表合并成一个有序单链表。

（2）多项式结构的域

多项式结点结构有 3 个域，分别是系数域、指数域和指针域。链表数据类型定义如下：

【程序代码】

```
typedef struct linknode
{
    float coef;                        //系数域
    int expn;                          //指数域
    struct linknode *next;             //指针域
}Node;
```

（3）参考程序

【程序代码】

```
#include<stdio.h>
#include<malloc.h>
#include<math.h>
typedef struct linknode
{
    float coef;
    int expn;
    struct linknode *next;
}Node;
void create link list(Node *L)         //创建一个链式存储结构的多项式
{
    Node *p,*q;
    int n=1;
    float x=1;
    q=L;
    printf("请按多项式指数由大到小输入系数和指数(0 0 表示结束): \n");
    while(fabs(x)>0.000001 )
    {
        scanf("%f %d",&x,&n);
```

```
        if(fabs(x)>0.00001)
        {
          p=(Node *)malloc(sizeof(Node));
          p->coef=x;p->expn=n;
          p->next=NULL;
          q->next=p;
          q=p;
        }
    }
}
void show link list(Node  *L)              //显示一个多项式
{
    Node *p;
    p=L->next;
    while(p&&p->next)
    {
      printf("\(%5.1fx^%d\)+",p->coef,p->expn);
      p=p->next;
    }
    printf("\(%5.1fx^%d\)",p->coef,p->expn);
    printf("\n");
}
void mergelist(Node *La,Node *Lb,Node *Lc)      //多项式合并
{
    Node *pa,*pb,*pc;
    Node *q1,*q2;
    Lc=La;
    pc=Lc;
    pa=La->next;
    pb=Lb->next;
    while(pa&&pb)
    if(pa->expn>pb->expn)
      { pc->next=pa;pc=pa;pa=pa->next;}
      else if(pa->expn<pb->expn)
          { pc->next=pb;pc=pb;pb=pb->next;}
          else if(fabs(pa->coef+pb->coef)<0.000001)
              {q1=pa;q2=pb;pa=pa->next;pb=pb->next;free(q1); free(q2);}
              else
              { q1=pb;pa->coef=pa->coef+pb->coef; pc->next=pa;
                pc=pa;pa=pa->next;pb=pb->next;free(q1); }
    if(pa)
      pc->next=pa;
    else
      pc->next=pb;
}
void main()                                   //主程序
{
    Node *LA,*LB,*LC;
    LA=(Node *)malloc(sizeof(Node));
    LA->next=NULL;
    LB=(Node *)malloc(sizeof(Node));
    LB->next=NULL;
    LC=LA;
    printf("创建多项式A(x)单链表: ");
    create link list(LA);
    printf("LA(x)=");
    show link list(LA);
    printf("创建多项式B(x)单链表: ");
```

```
create_link_list(LB);
printf("LB(x)=");
show_link_list(LB);
mergelist(LA,LB,LC);
printf("LA(x)+LB(x)=");
show_link_list(LC);
}
```

（4）程序运行

第一组数据：已知 $f(x)= 100x^{100}+5x^{50}-30x^{10}+10$、$g(x)=150x^{90}-5x^{50}+40x^{20}+20x^{10}+3x$。运行结果如图 2-2-3 所示。

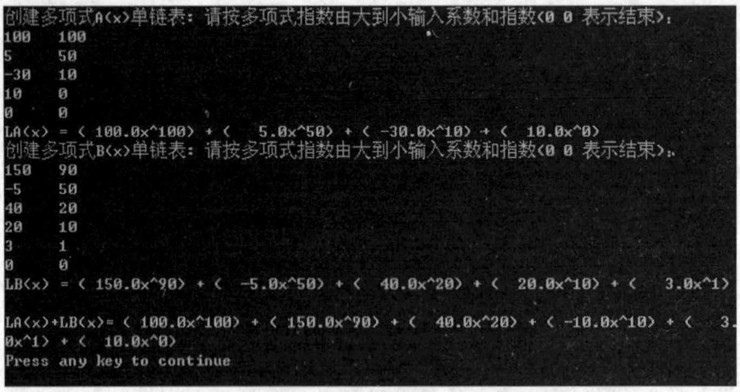

图 2-2-3　第一组数据的运行结果

第二组数据：已知 $f(x)= 8.5x^6+5.2x^5-10.1x^4-x+5.5$、$g(x)=-8.5x^6+10x^4-2.6x^3-5.5x$。运行结果如图 2-2-4 所示。

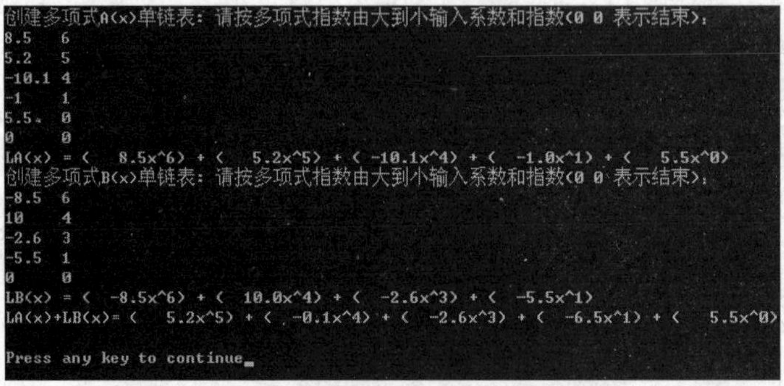

图 2-2-4　第二组数据的运行结果

（5）算法分析

时间复杂度：主程序 main()中没有出现循环语句，时间频度为 $T_1(n)=17$。

函数 create_link_list(Node *L)中出现一层循环语句，时间频度为 $T_2(n)=5+6n$。

函数 show_link_list(Node *L)中出现一层循环语句，时间频度为 $T_3(n)=2+2n+2=4+3n$。

函数 mergelist(Node *La,Node *Lb,Node *Lc) 中出现一层循环语句，时间频度为 $T_4(n)=7+n$。

整个程序时间频度为 $T(n)=T_1(n)+T_2(n)+T_3(n)+T_4(n)=33+10n$，时间复杂度为 $O(n)$，空间复杂度为 $O(1)$。

后缀表达式求值 ‹‹‹

1. 实验目的
① 掌握栈"后进先出"的特点。
② 掌握栈的典型应用——后缀表达式求值。

2. 实验内容
① 用键盘输入一个整数后缀表达式（操作数的范围只有 0～9，运算符只含+、-、×、/，而且中间不可以有空格），使用循环程序从左向右读入表达式。
② 如果读入的是操作数，直接进入操作数栈。
③ 如果读入的是运算符，立即从操作数栈中取出所需的操作数，计算操作数运算的值，并将计算结果存回操作数栈。

3. 程序设计思路
使用循环从左向右输入后缀表达式。
① 若输入的是运算符，立即从操作数栈取出所需的操作数，接着计算上述操作数和运算符的值，最后将值存回操作数栈。
② 若输入的是操作数就直接存入操作数栈。
③ 整个步骤只需要一个操作数栈，若输入的是操作数就入栈；若输入的是运算符，就从操作数栈中取出所需要的操作数进行计算，并把计算结果存回到操作数栈中。

4. 输入后缀表达式求值的参考程序

【程序代码】

```
#include<stdlib.h>
#include<stdio.h>
struct node                            //栈结构声明
{
    int data;                          //数据域
    struct node *next;                 //指针域
};
typedef struct node stacklist;         //链表新类型
typedef stacklist *link;               //链表指针类型
link operand=NULL;                     //操作数栈指针

link push(link stack,int value)        //进栈，存入数据
{
    link newnode;                      //新结点指针
    newnode=new stacklist;             //分配新结点
```

```
        if(!newnode)
        {
            printf("分配失败! ");                    //存入失败
            return NULL;
        }
        newnode->data=value;                      //创建结点的内容
        newnode->next=stack;
        stack=newnode;                            //新结点成为栈的开始
        return stack;
}
link pop(link stack,int *value)                   //出栈，取出数据
{
    link top;                                     //指向栈顶
    if(stack!=NULL)
    {
        top=stack;                                //指向栈顶
        stack=stack->next;                        //移动栈顶指针，指向下一个结点
        *value=top->data;                         //取数据
        delete top;                               //吸收结点
        return stack;                             //返回栈顶指针
    }
    else
        *value=-1;
}
int empty(link stack)                             //判栈空
{
    if(stack!=NULL)
        return 1;
    else
        return 0;
}
int isoperator(char op)                           //判运算符
{
    switch(op)
    {
        case'+':
        case'-':
        case'*':
        case'/': return 1;                        //是运算符则返回1
        default: return 0;                        //不是运算符则返回0
    }
}
int getvalue(int op,int operand1,int operand2)    //计算表达式值
{
    switch((char)op)
    {
        case'*': return(operand1*operand2);
        case'/': return(operand1/operand2);
        case'+': return(operand1+operand2);
        case'-': return(operand1-operand2);
    }
}
void main()                                       //主函数
{
    char exp[100];
```

```
    int operand1=0;                                    //定义操作数1
    int operand2=0;                                    //定义操作数2
    int result=0;                                      //定义操作结果变量
    int pos=0;                                         //目前表达式位置
    printf("\t\n 请输入后缀表达式: ");
    gets(exp);                                         //读取后缀表达式
    printf("\t\n\n 后缀表达式[%s]的结果是: ",exp);
    while(exp[pos]!='\0'&&exp[pos]!='\n')              //分析表达式字符串
    {
        if(isoperator(exp[pos]))                       //是运算符则取两个操作数
        {
            operand=pop(operand,&operand1);
            operand=pop(operand,&operand2);
            operand=push(operand,getvalue(exp[pos],operand1,operand2));
        }
        else
            operand=push(operand,exp[pos]-48);         //是操作数则压入操作数栈
        pos++;                                         //移到下一个字符串位置
    }
    operand=pop(operand,&result);                      //弹出结果
    printf("%d\n",result);                             //输出
}
```

（1）程序运行

程序运行结果如图 2-3-1 所示。

图 2-3-1 输入及运行结果

（2）算法分析

push()函数的时间频度为 $T_1(n)=8$，时间复杂度为 $O(1)$。

pop()函数的时间频度为 $T_2(n)=6$，时间复杂度为 $O(1)$。

empty()函数的时间频度为 $T_3(n)=1$，时间复杂度为 $O(1)$。

isoperator()函数的时间频度为 $T_4(n)=1$，时间复杂度为 $O(1)$。

getvalue()函数的时间频度为 $T_5(n)=1$，时间复杂度为 $O(1)$。

main()函数的时间频度为 $T(n)=8+n\times(2T_2+T_1+1)+T_2+1=9+n\times(12+8+1)+6=15+21n$。

本程序的时间复杂度为 $O(n)$，n 为后缀表达式长度。

空间复杂度为 $S(n)=O(n)$，因为附加一个栈的空间。

5. 输入中缀表达式求值的参考程序

如果输入为中缀算术表达式，则先将中缀表达式转换为后缀表达式，然后再计算表达式的值。说明：操作数的范围只有 0～9，运算符只含+、-、×、/、(、)，而且中间不可以有空格。

【程序代码】

```
#include<stdio.h>
#define Maxlen 88
typedef struct
```

```
{
   char data[Maxlen];
   int top;
}opstack;
typedef struct
{
   float data[Maxlen];
   int top;
}stack;
void trans(char str[],char exp[])                    //求后缀表达式
{
   opstack op;
   char ch;
   int i=0,t=0;
   op.top=-1;
   ch=str[i];
   i++;
   while(ch!='\0')
   {
      switch(ch)
      {
         case'(':
            op.top++;op.data[op.top]=ch;
            break;
         case')':
            while(op.data[op.top]!='(')
            {
               exp[t]=op.data[op.top];
               op.top--;
               t++;
            }
            op.top--;
            break;
         case'+':
         case'-':
            while(op.top!=-1&&op.data[op.top]!='(')
            {
               exp[t]=op.data[op.top];
               op.top--;
               t++;
            }
            op.top++;
            op.data[op.top]=ch;
            break;
         case'*':
         case'/':
            while(op.top=='/'||op.top=='*')
            {
               exp[t]=op.data[op.top];
               op.top--;
               t++;
            }
            op.top++;
            op.data[op.top]=ch;
            break;
```

```
        case' ':                                        //输入为空格，则跳过
          break;
        default:
          while(ch>='0'&&ch<='9')
          {
            exp[t]=ch;
            t++;
            ch=str[i];
            i++;
          }
          i--;
          exp[t]=' ';
          t++;
      }
    ch=str[i];
    i++;
  }
  while(op.top!=-1)
  {
    exp[t]=op.data[op.top];
    t++;
    op.top--;
  }
  exp[t]='\0';
}
float compvalue(char exp[])                             //后缀表达式求值
{
  stack st;
  float d;
  char ch;
  int t=0;
  st.top=-1;
  ch=exp[t];
  t++;
  while(ch!='\0')
  {
    switch(ch)
    {
      case'+':
        st.data[st.top-1]=st.data[st.top-1]+st.data[st.top];
        st.top--;
        break;
      case'-':
        st.data[st.top-1]=st.data[st.top-1]-st.data[st.top];
        st.top--;
        break;
      case'*':
        st.data[st.top-1]=st.data[st.top-1]*st.data[st.top];
        st.top--;
        break;
      case'/':
        if(st.data[st.top]!=0)
        {
          st.data[st.top-1]=st.data[st.top-1]/st.data[st.top];
          st.top--;
```

```
            }
            else
                printf("\n\t 表达式中有除数为零,本次计算无效!\n ");
            break;
        default:
            d=0;
            while(ch>='0'&&ch<='9')
            {
                d=10*d+ch-'0';
                ch=exp[t];
                t++;
            }
            st.top++;
            st.data[st.top]=d;
        }
        ch=exp[t];
        t++;
    }
    return st.data[st.top];
}
void main()
{
    char str[Maxlen],exps[Maxlen];
    printf("\n 请输入一个整数算术(只包含+,-,*,/和括号)表达式:");
    gets(str);
    printf("\n 原算术表达式为: %s\n",str);
    trans(str,exps);
    printf("\n 其后缀表达式为: %s\n",exps);
    printf("\n 其运算的结果为: %g\n\n",compvalue(exps));

}
```

（1）本题主要由两个算法组成

① 第一个算法 trans(str,exp)是将键盘输入的算术表达式转换成后缀表达式。其时间频度为：$T_1(n)=6+n\times(3\times n+3+2)+n\times3+1=7+8n+3n^2$，时间复杂度为 $O(n^2)$。

注：switch 时间频度只能选择其中一种情况，本例选择+、-。

② 第二个算法 compvalue(exp)是后缀表达式的求值。其时间频度为：$T_2(n)=7+n\times(n\times3+2)+1=8+2n+3n^2$，时间复杂度为 $O(n^2)$。

注：switch 时间频度只能选择其中一种情况，本例选择 default。

main()的时间频度为 $T(n)=4+T_1+1+T_2=5+(7+8n+3n^2)+(8+2n+3n^2)=19+10n+6n^2$。总的时间复杂度为 $O(n^2)$。

空间复杂度为 $S(n)=O(n)$，因为附加一个栈的空间。

（2）程序运行结果（见图 2-3-2）

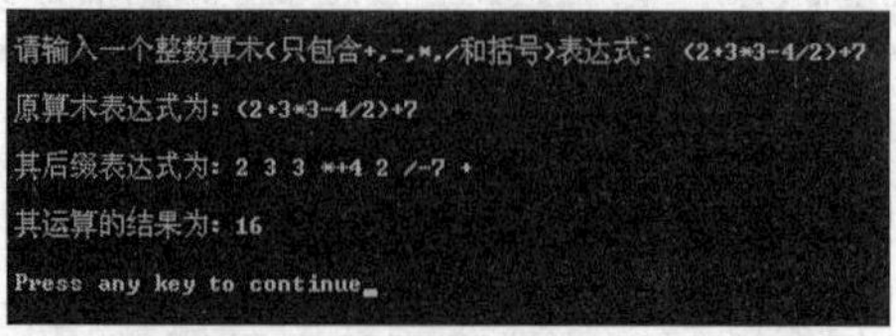

请输入一个整数算术(只包含+,-,*,/和括号)表达式: (2+3*3-4/2)+7
原算术表达式为: (2+3*3-4/2)+7
其后缀表达式为: 2 3 3 *+4 2 /-7 +
其运算的结果为: 16
Press any key to continue

图 2-3-2　输入及其运行结果

循环队列的实现和运算 ‹‹‹

1. 实验目的

① 掌握队列"先进先出"的特点。

② 复习队列的入队、出队、插入、删除等基本运算。

③ 掌握循环队列的特点，以及循环队列的应用。

2. 实验内容

① 在顺序存储结构上实现循环队列的入队、出队、显示队列元素和求队列长度的算法。

② 用 C（或 C++）语言编写一个选择式菜单，通过菜单选择能实现循环队列的入队操作、出队操作、显示队列中所有元素和求循环队列长度等运算。全部运算的操作提示、输出显示均采用中文（汉字）提示。

③ 循环队列的数据类型：

```
#define MAXLEN 10
typedef struct
{
    int data[MAXLEN];              //定义数据的类型及数据的存储区
    int front,rear;                //定义队头、队尾指针
}csequeue;
```

3. 参考程序

【程序代码】

```
#include<stdio.h>
#define MAXLEN 10
typedef struct
{
    int data[MAXLEN];              //定义数据的类型
    int front,rear;                //定义队头、队尾指针
}csequeue;
csequeue q;
void IniQueue()                    //初始化队列
{
    q.front=q.rear=MAXLEN-1;
}
void InQueue()                     //入队函数
{
    int x;
    printf("\n\t\t 输入一个入队的整数数据: ");
```

```
        scanf("%d",&x);
        if(q.front==(q.rear+1)%MAXLEN )
        {
            printf("\n\t\t 队满，不能入队！\n");
            return;
        }
        q.rear=(q.rear+1)%MAXLEN;
        q.data[q.rear]=x;
        printf("\n\t\t 入队成功！\n");
}
void Outsequeue()                                  //出队函数
{
    if(q.front==q.rear)
    {
        printf("\n\t\t 此队列为空！");
        return ;                                   //队空不能出队
    }
    else
    {
        q.front=(q.front+1)%MAXLEN;
        printf("\n\t\t 出队元素为: %d\n",q.data[q.front]);  //输出队头元素
        return;
    }
}
void ShowQueue()                                   //显示函数
{
    int k=q.front;
    if(k==q.rear)
    {
        printf("\n\t\t 此队列为空！\n");
        return;
    }
    printf("\n\t\t 此队列元素为: ");
    do{
        k=(k+1)%MAXLEN;
        printf("%4d",q.data[k]);
    }while(k!=q.rear);
    printf("\n");
}
int length()
{
    int k;
    k=(q.rear-q.front+MAXLEN)%MAXLEN;
    return k;
}
void main()                                        //主函数
{
    int i=1;
    int choice;
```

```
IniQueue();
while(i)
{
    printf("\n\t\t            循 环 队 列\n"            );
    printf("\n\t\t**************************************");
    printf("\n\t\t*          1----------入      队          *");
    printf("\n\t\t*          2----------出      队          *");
    printf("\n\t\t*          3----------显      示          *");
    printf("\n\t\t*          4----------求 队 列 长 度      *");
    printf("\n\t\t*          0----------返      回          *");
    printf("\n\t\t**************************************");
    printf("\n\n\t\t 请选择菜单号: ");
    scanf("%d",&choice);
    switch(choice)
    {
        case 1:
            InQueue();
            break;
        case 2:
            Outsequeue();
            break;
        case 3:
            ShowQueue();
            break;
        case 4:
            printf("\n\t\t 队列长度为: %d \n",length());
            break;
        case 0:
            i=0;
            break;
    }
}
}
```

4. 程序运行

① 选择菜单 1，并输入数据 1，如图 2-4-1 所示。

② 重复选择菜单 1，并依次向队列输入 2、3、4、5 共 5 个整数数据。选择菜单 2，系统会输出出队元素 1，如图 2-4-2 所示。

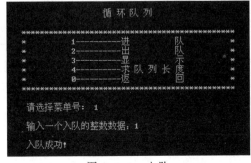

图 2-4-1　入队

图 2-4-2　出队

③ 选择菜单 3，显示队列中所剩下的 4 个元素，如图 2-4-3 所示。

④ 选择菜单 4，求出队列的长度，如图 2-4-4 所示。

图 2-4-3　显示剩下的元素

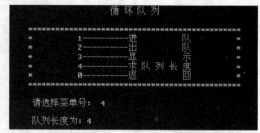

图 2-4-4　求队列长度

5. 算法分析

① IniQueue()函数的时间频度为 $T_1(n)=1$，所以时间复杂度为 $O(1)$。

② InQueue()函数的时间频度为 $T_2(n)=8$，所以时间复杂度为 $O(1)$。

③ Outsequeue()函数的时间频度为 $T_3(n)=5$，时间复杂度为 $O(1)$。

④ 对于 ShowQueue()函数，当队列为空时的时间频度为 $T_4(n)=4+2n+1=5+2n$，时间复杂度为 $O(n)$。

⑤ length()函数的时间频度为 $T_5(n)=3$，时间复杂度为 $O(1)$。

main()函数的时间复杂度略。$T_6(n)=3+6n$，时间复杂度为 $O(1)$，空间复杂度为 $S(n)=O(1)$。

字符串分割处理 ‹‹‹

1. 实验目的

① 掌握字符串的存储方法。

② 掌握按单词和标点符号分割的方法。

③ 掌握算术表达式按运算对象和运算符（只涉及+、-、×、/）分割的方法。

2. 实验内容

（1）英文句子分割

输入英文句子，如"This is a string"存入数组，如图 2-5-1 所示。

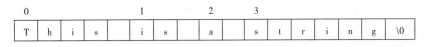

图 2-5-1　数组

运行程序后分割如图 2-5-2 所示。

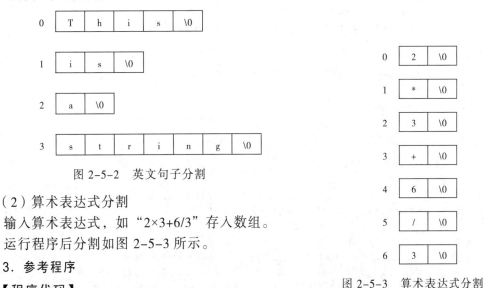

图 2-5-2　英文句子分割

（2）算术表达式分割

输入算术表达式，如"2×3+6/3"存入数组。

运行程序后分割如图 2-5-3 所示。

3. 参考程序

【程序代码】

图 2-5-3　算术表达式分割

```
#include <stdio.h>
#include <stdlib.h>
#include <string.h>
void split1()                    //空格分割法
```

```
{
    char s[1000];
    char line[255][255];
    printf(" 请输入一组字符串: ");
    gets(s);
    int i=0,n=0,k;
    do{
        k=0;
        while(s[n]==' ')
            n++;
        for(;s[n]!='\0'&&s[n]!=''&&s[n]!='\n';n++,k++)
            line[i][k]=s[n];
        line[i][k]='\0';
        i++;
    }while(s[n]!='\0');
    printf(" 分割后的字符串数组: \n");
    int j;
    for(j=0;j<i;j++) puts(line[j])        //输出字符串数组
        system("pause");
}
int operators(char op)
{
    switch(op)
    {
    case '+':
    case '-':
    case '*':
    case '/':
    case '=':
    case '.': return 1;            //是运算符
    default: return 0;            //不是运算符
    }
}
int token(char *str1,char *str2,int pos)
{
    int i,j;
    i=pos;                        //从分割位置开始
    while(str1[i]==' ')            //跳过空字符
        i++;
    if(str1[i]!='\0')            //不是字符串结束
    {
        j=0;                    //找下一个空格符
        while(str1[i]!='\0'&&str1[i]!=' ')
        {
            str2[j]=str1[i];            //复制非空格符
            if(operators(str1[i]))        //判断是不是运算符
                if(j>0)                //不是则返回之前的字符串
                {
                    str2[j]='\0';
                    return i;
                }
                else                //是则返回运算符
                {
```

```
                str2[j+1]='\0';
                return i+1;
            }
            i++;
            j++;
        }
        str2[j]='\0';                                    //分割字符串结束字符
        return i;                                        //返回目前位置
    }
    else
    return -1;                                           //分割结束
}
void split2()                                            //多分割符分割法
{
    char string[255];                                    //字符串数组声明
    char token_string[255];                              //分割字符串声明
    int pos;                                             //分割位置
    printf("请输入一组字符串或算术表达式: ");
    gets(string);                                        //读取字符串
    pos=0;                                               //设置分割位置初值
    printf("经过字符串分割后: \n");
    while((pos=token(string,token_string,pos))!=-1)      //分割字符串直到字符串结束
        printf("%s\n",token_string);                     //输出各分割字符串
        system("pause");
}
int sel;
void select()                                            //菜单
{
    system("cls");                                       //清屏
    printf("\t        字 符 串 分 割 程 序                \n");
    printf("\t************************************\n");
    printf("\t*       1.    分割字符串分割        *\n");
    printf("\t*       2.    算术表达式分割        *\n");
    printf("\t*       3.    退      出            *\n");
    printf("\t************************************\n");
    printf("  请选择(1-3): \n");
    scanf("%d",&sel);
    getchar();
}
void main()
{
    for(;;)
    {
        select();
        switch(sel)
        {
            case 1:
                split1();
                break;
            case 2:
                split2();
                break;
            case 3:
```

```
                    exit(0);
                    break;
                default:
                    printf("  选项不存在，请重新选择！\n");
                    system("pause");
            }
        }
    }
```

4．程序运行

① 英文句子分割（见图 2-5-4）。

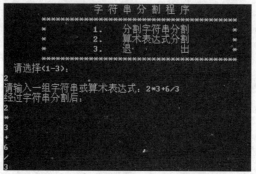

图 2-5-4　英文句子分割

② 算术表达式（多分割符）分割（见图 2-5-5）。

图 2-5-5　算术表达式（多分割符）分割

5．算法分析

① 英文句子分割 split1() 函数的时间频度为：$T_1(n)=5+n(1+m+n+2)+2+n=7+3n+nm+n^2$，时间复杂为 $O(n^2)$。其中：m 为单词个数。

② 算术表达式的分割：

operators() 函数的时间频度为 $T_2(n)=7$，时间复杂度为 $O(1)$。

token() 函数的时间频度为 $T_3(n)=2+m+n(1+m(4+2)+2)=2+m+3n+6nm$，时间复杂度为 $O(n^2)$。

split2() 函数的时间频度为 $T_4=7+2(2+m+3n+6nm)=11+2m+6n+12nm$，时间复杂度为 $O(nm)$。

稀疏矩阵十字链表的存储 <<<

1. **实验目的**

① 掌握稀疏矩阵十字链表存储的方法。

② 掌握稀疏矩阵的显示、查找等基本算法。

2. **实验内容**

① 创建空的稀疏矩阵的十字链表存储结构。

② 输入下列稀疏矩阵：

$$A=\begin{pmatrix} 3 & 0 & 0 & 7 \\ 0 & 0 & -1 & 0 \\ 2 & 0 & 0 & 0 \\ 0 & 0 & 0 & 0 \\ 0 & 0 & 0 & -8 \end{pmatrix}$$

③ 矩阵数据显示。

④ 矩阵数据查找。

3. **参考程序**

【程序代码】

```
#include<iostream.h>
#include<stdio.h>
#include<iomanip.h>
#include<stdlib.h>
struct linknode
{
  int rows,cols;
  linknode *down,*right;
  union vnext
  {
    int v;
    linknode *next;
  }node;
};
linknode *CreateMatlind();
linknode *InputMatlind(linknode,int);
void ShowMatlind(linknode);
```

```
void SearchMatlind(linknode *hm,int s);
linknode *CreateMatlind()                          //创建空十字链表
{
  int i,j,maxlin;
  linknode *hm,*cp[100],*p;
  printf("\n\t\t请输入稀疏矩阵的行数，列数(用逗号隔开)：");
  scanf("%d,%d",&i,&j);
  if(i>j)
    maxlin=i;
  else
    maxlin=j;
  hm=new linknode;
  cp[0]=hm;
  for(int l=1;l<=maxlin;l++)
  {
    p=new linknode;
    p->rows=0;
    p->cols=0;
    p->down=p;
    p->right=p;
    cp[l]=p;
    cp[l-1]->node.next=p;
  }
  cp[maxlin]->node.next=hm;
  hm=new linknode;
  hm->rows=i;
  hm->cols=j;
  return hm;
}
linknode *InputMatlind(linknode *hm,int s)      //输入非零元素
{
  linknode *cp[100],*p,*q;
  int m,n,t;
  int i,j,k,maxlin;
  i=hm->rows;
  j=hm->cols;
  if(i>j)
    maxlin=i;
  else
    maxlin=j;
  cp[0]=hm;
  for(int l=1;l<=maxlin;l++)
  {
    p=new linknode;
    p->rows=0;
    p->cols=0;
    p->down=p;
    p->right=p;
    cp[l]=p;
    cp[l-1]->node.next=p;
```

```
}
cp[maxlin]->node.next=hm;
for(int x=0;x<s;x++)
{
    printf("\n\t\t 请输入非零元的行号，列号和值(用逗号隔开)：");
    scanf("%d,%d,%d",&m,&n,&t);
    p=new linknode;
    p->rows=m;
    p->cols=n;
    p->node.v=t;
    k=1;
    q=cp[m];
    while(k)
    {
        if((q->right==cp[m])||(q->right->cols>n))
        {
            p->right=q->right;
            q->right=p;
            k=0;
        }
        else if(q->right->cols==n)
        {
            p->right=q->right->right;
            q->right=p;
            k=0;
        }
            else if(q->right->cols<n)
            {
                q=q->right;
                k=1;
            }
    }
    k=1;
    q=cp[n];
    while(k)
    {
        if((q->down==cp[n])||(q->down->rows>m))
        {
            p->down=q->down;
            q->down=p;
            k=0;
        }
        else if(q->down->rows==m)
        {
            p->down=q->down->down;
            q->down=p;
            k=0;
        }
        else if(q->down->rows<m)
        {
```

```
            q=q->down;
            k=1;
        }
    }
}
return hm;
}
void ShowMatlind(linknode *hm)                    //显示十字链表
{
    int m,n;
    linknode *p,*q;
    m=hm->rows;
    n=hm->cols;
    q=p=hm->node.next;
    p=p->right;
    cout<<endl<<endl;
    printf("\n\t\t");
    for(int i=1;i<=m;i++)
    {
        for(int j=1;j<=n;j++)
        {
            if((p->rows==i)&&(p->cols==j))
            {
                printf("%8d",p->node.v);
            }
            else
                printf("%8c",'0');
            if((j==n)&&(p->right==q))
                break;
            else if(p->right!=q)
                p=p->right;
        }
        printf("\n\n\t\t");
        p=q;
        q=p=p->node.next;
        p=p->right;
    }
}
void SearchMatlind(linknode *hm,int s)    //查找元素
{
    int m,n,k;
    linknode *p,*q;
    m=hm->rows;
    n=hm->cols;
    q=p=hm->node.next;
    p=p->right;
    k=1;
    while(k)
    {
        if((p->node.v)==s)
```

```
    {
        printf("\n\t\t      行  列  值\n");
        printf("\n\t\t元素位置:%2d %2d %2d\n",p->rows,p->cols,p->node.v);
        k=0;
    }
    else if(p->right!=q)
        p=p->right;
    else
    {
        p=q;
        q=p=p->node.next;
        if(p==hm)
        {
            printf("\n\t\t十字链表中无此元素！\n");
            k=0;
        }
        p=p->right;
    }
    }
}
void main()
{
    int s,k,ch=1;
    int choice;
    linknode *hm=NULL;
    while(ch)
    {
        printf("\n");
        printf("\n\t\t        稀疏矩阵的十字链表存储系统           \n");
        printf("\n\t\t**********************************************");
        printf("\n\t\t*         1-----新建十字链表              *");
        printf("\n\t\t*         2-----显示十字链表              *");
        printf("\n\t\t*         3-----查 找 元 素               *");
        printf("\n\t\t*         0-----退     出                 *");
        printf("\n\t\t**********************************************");
        printf("\n\n\t\t    请输入菜单号: ");
        scanf("%d",&choice);
        switch(choice)
        {
        case 1:
            hm=CreateMatlind();            //调用创建空十字链表函数
            do{
                printf("\n\t\t请输入稀疏矩阵的元素个数: ");
                scanf("%d",&s);
                if(s>((hm->rows)*(hm->cols)))
                {
                    printf("\n\t\t元素个数超标!应小于%d 个\n",hm->rows*hm->cols);
                    k=1;
                }
                else
```

```
                    k=0;
            }while(k);
        hm=InputMatlind(hm,s);          //调用输入非零元素函数
        break;
    case 2:
        if(hm==NULL)
        {
            printf("\n\t\t 链表为空！\n");
            break;
        }
        else
        {
            ShowMatlind(hm);
            break;
        }
    case 3:
        if(hm==NULL)
        {
            printf("\n\t\t 链表为空！\n");
            break;
        }
        else
        {
            printf("\n\t\t 请输入您要查找的元素：");
            scanf("%d",&s);
            SearchMatlind(hm,s);          //调用查找非零元素函数
            break;
        }
    case 0:
        ch=0;
        break;
    }
    if(choice==1||choice==2||choice==3)
    {
        printf("\n\t\t");
        system("pause");
        system("cls");
    }
  }
}
```

4．程序运行

① 运行程序，选择菜单 1，按实验要求输入一个 5 行 4 列的稀疏矩阵，如图 2-6-1 所示。

② 选择菜单 2，显示以十字链表存储的稀疏矩阵，如图 2-6-2 所示。

③ 选择菜单 3，输入一个十字链表中存在的元素-1，进行查找，查找结果显示查找元素-1，以及它所在的行列值，如图 2-6-3 所示。

④ 仍然选择菜单 3，再输入一个十字链表中不存在的数据元素 9，查找以后则显示“十字链表中无此元素！”，如图 2-6-4 所示。

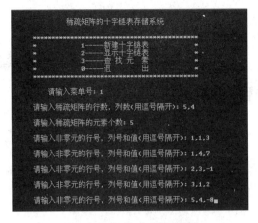

图 2-6-1　新建十字链表

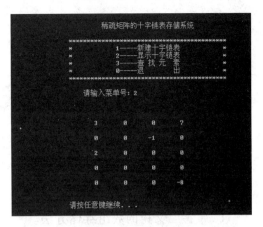

图 2-6-2　显示十字链表

图 2-6-3　查找元素-1

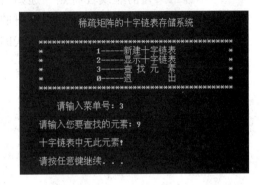

图 2-6-4　查找元素 9

5．算法分析

本程序主要由新建十字链表、显示十字链表中的元素和查找稀疏矩阵中非零元素 3 个算法组成。下面分别讨论它们的时间复杂度。

① 新建十字链表主要由创建空十字链表函数 CreateMatlind() 和输入非零元素函数 InputMatlind (hm,s) 组成。

CreateMatlind() 的时间频度为 $T_1(n)=7+7n+5=7n+12$，时间复杂度为 $O(n)$。

InputMatlind(hm,s) 的时间频度为 $T_2(n)=7+7n+1+n(8+3n+2+3n)+1=6n^2+17n+8$，时间复杂度为 $O(n^2)$。

总的时间复杂度为 $O(n^2)$。

② 显示十字链表函数 ShowMatlind(hm) 的时间频度为 $T_3(n)=8+m\times(n\times(1+1)+4)=2m\times n+4m+8$，所以时间复杂度为 $O(m\times n)$。

③ 查找稀疏矩阵中非零元素函数 SearchMatlind(hm,s) 的时间频度为 $T_4(n)=7+A\times n\times 3$，其中 A 为一个常量。其时间复杂度为 $O(n)$。

标识符树与表达式求值 ‹‹‹

1. 实验目的

① 掌握二叉树的数组存储方法。

② 掌握二叉树的非线性特点、递归特点和动态特性。

③ 复习二叉树遍历算法和标识符树的概念。

④ 利用标识符树的后序计算表达式的值（运算只涉及+、−、×、/）。

2. 实验内容

① 定义二叉树的结构如下：

```
struct tree                       //定义结构体
{
   int data;                      //定义一个整型数据域
   struct tree *left;             //定义左子树指针
   struct tree *right;            //定义右子树指针
};
typedef struct tree btnode;       //树的结构类型
typedef btnode *bt;               //定义树结点的指针类型
```

② 把算术表达式 $2×3+6/3$ 的标识符树（见图 2-7-1）存入一维数组。

③ 求标识符树的前序遍历、中序遍历和后序遍历的序列。

④ 以后序计算标识符树的值。

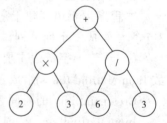

图 2-7-1　标识符树

3. 参考程序

【程序代码】

```
#include<stdlib.h>
#include<stdio.h>
struct tree                       //树的结构声明
{
   char data;                     //结点数据
   struct tree *left;             //指向左子树的指针
   struct tree *right;            //指向右子树的指针
};
typedef struct tree treenode;     //树的结构新类型
typedef treenode *btree;          //声明树结点指针类型
int n;                            //n 计算字符串长度
btree createbtree(int *data,int pos)  //创建表达式二叉树
{
   btree newnode;                 //新结点指针
```

```
    if(data[pos]==0||pos>n)                      //终止条件
        return NULL;
    else
    {
        newnode=new treenode;                    //创建新结点内存
        newnode->data=data[pos];                 //创建结点内容
        newnode->left=createbtree(data,2*pos);   //创建左子树递归调用
        newnode->right=createbtree(data,2*pos+1); //创建右子树递归调用
        return newnode;
    }
}

void preorder(btree ptr)                         //表达式二叉树前序输出
{
    if(ptr!=NULL)                                //终止条件
    {
        printf(" %c",ptr->data);                 //输出结点内容
        preorder(ptr->left);                     //左子树
        preorder(ptr->right);                    //右子树
    }
}

void inorder(btree ptr)                          //表达式二叉树中序输出
{
    if(ptr!=NULL)                                //终止条件
    {
        inorder(ptr->left);                      //左子树
        printf(" %c",ptr->data);                 //输出结点内容
        inorder(ptr->right);                     //右子树
    }
}

void postorder(btree ptr)                        //表达式二叉树后序输出
{
    if(ptr!=NULL)                                //右子树
    {
        postorder(ptr->left);                    //左子树
        postorder(ptr->right);                   //右子树
        printf(" %c",ptr->data);                 //输出结点内容
    }
}

int cal(btree ptr)                               //表达式二叉树后序计值
{
    int operand1=0;                              //定义操作数变量1
    int operand2=0;                              //定义操作数变量2
    int getvalue(int op,int operand1,int operand2); //对 getvalue()函数做声明
    if(ptr->left==NULL&&ptr->right==NULL)        //终止条件
        return ptr->data-48;                     //字符数字转为数值
    else
    {
        operand1=cal(ptr->left);                 //左子树
        operand2=cal(ptr->right);                //右子树
```

```
        return getvalue(ptr->data,operand1,operand2);
    }
}

int getvalue(int op,int operand1,int operand2)  //计算二叉树表达式的值
{
    switch((char)op)
    {
        case'*':return(operand1*operand2);
        case'/':return(operand1/operand2);
        case'+':return(operand1+operand2);
        case'-':return(operand1-operand2);
    }
}

void main()                                        //主程序
{
    btree root=NULL;                               //表达式二叉树指针
    int result,k=1;                                //定义输出结果变量
    int data[100]={' '};
    char ch;
    printf("按前序输入标识符树的结点数据，以回车键表示结束\n");

    while((ch=getchar())!='\n')
        data[k++]=ch;
        data[k]='\0';
        n=k-1;
    root=createbtree(data,1);                      //创建表达式二叉树
    printf("\t\n 前序表达式: ");
    preorder(root);                                //前序输出二叉树
    printf("\t\n\n 中序表达式: ");
    inorder(root);                                 //中序输出二叉树
    printf("\t\n\n 后序表达式: ");
    postorder(root);                               //后序输出二叉树
    result=cal(root);                              //计算
    printf("\t\n\n 表达式结果是: %d\n\n",result);   //输出计算结果
}
```

4. 程序运行

运行本程序，按标识符树的前序序列，把"+""×""/""2""3""6""3"存入一维数组 data[]，所以程序运行以后就能输出结果，如图 2-7-2 所示。

注意：字符之间不允许有空格，数值只能是一位。

图 2-7-2 输出结果

5. 算法分析

createbtree()函数的时间复杂度为 $T_1(n)=O(n)$。

preorder()函数的时间复杂度为 $T_2(n)=O(n)$。

inorder()函数的时间复杂度为 $T_3(n)=O(n)$。

postorder()函数的时间复杂度为 $T_4(n)=O(n)$。

cal()函数的时间复杂度为 $T_5(n)=O(n)$。

getvalue()函数的时间复杂度为 $T_6(n)=O(1)$。

最小生成树 ≪

1．实验目的

① 复习图的存储方法和图的遍历方法。

② 进一步掌握图的非线性特点、递归特点和动态特性。

③ 掌握最小生成树的求解算法。

2．实验内容

① 用 Prim 算法求最小生成树。

② 输入图的二维矩阵，输出最小生成树。

用 Prim 算法求最小生成树。其中，图采用了邻接矩阵存储结构，数组 closest[i] 存储刚访问的距离顶点 v 最近的顶点。

说明：① 图为无向图，存储结构采取邻接矩阵法。

② 全局变量 g 二维数组用于存储最小生成树边信息。

③ lowcost 和 closest 数组用于标识进入最小生成树中的顶点集合 U。

④ 最小生成树的生成。

利用邻接矩阵为无向图建立存储空间，算法如下：

```
int adjg(int g[][max])                    //建立无向图
{
    int n,e,i,j,k,v1,v2,weight;
    printf("输入顶点个数，边的条数: ");
    scanf("%d,%d",&n,&e);
    for(i=1;i<=n;i++)
        for(j=1;j<=n;j++)
            g[i][j]=inf;                  //初始化矩阵，全部元素设为无穷大
    for(k=1;k<=e;k++)
    {
        printf("输入第%d条边的起点，终点，权值:",k);
        scanf("%d,%d,%d",&v1,&v2,&weight);
        g[v1][v2]=weight;
        g[v2][v1]=weight;
    }
    return(n);
}
```

3. 参考程序

【程序代码】

```
#include<stdio.h>
#define inf 9999
#define max 40
void prim(int g[][max],int n)   //prim()函数
{
    int lowcost[max],closest[max];
    int i,j,k,min;
    for(i=2;i<=n;i++)                  //n 个顶点，n-1 条边
    {
        lowcost[i]=g[1][i];            //初始化
        closest[i]=1;                  //顶点未加入到最小生成树中
    }
    lowcost[1]=0;                      //标志顶点 1 加入 U 集合
    for(i=2;i<=n;i++)                  //形成 n-1 条边的生成树
    {
        min=inf;
        k=0;
        for(j=2;j<=n;j++)       //寻找满足边的一个顶点在 U、另一个顶点在 V 的最小边
            if((lowcost[j]<min)&&(lowcost[j]!=0))
            {
                min=lowcost[j];
                k=j;
            }
        printf("(%d,%d)%d\t",closest[k],k,min);
        lowcost[k]=0;                  //顶点 k 加入 U
        for(j=2;j<=n;j++)              //修改由顶点 k 到其他顶点边的权值
            if(g[k][j]<lowcost[j])
            {
                lowcost[j]=g[k][j];
                closest[j]=k;
            }
        printf("\n");
    }
}
int adjg(int g[][max])              //建立无向图
{
    int n,e,i,j,k,v1,v2,weight;
    printf("输入顶点个数，边的条数: ");
    scanf("%d,%d",&n,&e);
    for(i=1;i<=n;i++)
        for(j=1;j<=n;j++)
            g[i][j]=inf;              //初始化矩阵，全部元素设为无穷大
    for(k=1;k<=e;k++)
    {
        printf("输入第%d 条边的起点，终点，权值:",k);
        scanf("%d,%d,%d",&v1,&v2,&weight);
        g[v1][v2]=weight;
```

```
            g[v2][v1]=weight;
        }
        return(n);
}
void prg(int g[][max],int n)      //输出无向图的邻接矩阵
{
    int i,j;
    for(i=0;i<=n;i++)
        printf("%d\t",i);
    for(i=1;i<=n;i++)
    {
        printf("\n%d\t",i);
        for(j=1;j<=n;j++)
            if(g[i][j]==inf)  printf("∞\t")
            else printf("%d\t",g[i][j]);
    }
    printf("\n");
}
main()
{
    int g[max][max],n;
    n=adjg(g);
    printf("输入无向图的邻接矩阵:\n");
    prg(g,n);
    printf("最小生成树的构造:\n");
    prim(g,n);
}
```

4．程序运行

按如图 2-8-1 所示的无向图，输入顶点个数、边数，以及各条边的信息。
运行程序，输出结果如图 2-8-2 所示。

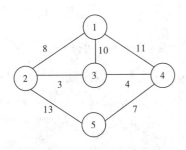

图 2-8-1　无向图

图 2-8-2　输出结果

5．算法分析

本程序循环次数最多嵌套两层，故时间复杂度为 $O(n^2)$。

哈希查找 ‹‹‹

1．实验目的

① 复习顺序查找、二分查找、分块查找的基本算法及适用场合。

② 掌握哈希查找的基本方法及适用场合，并能在解决实际问题时灵活应用。

③ 巩固在散列查找时解决冲突的方法及特点。

2．实验内容

① 哈希表查找的实现（用线性探测法解决冲突）。

② 能对哈希表进行插入和查找。

③ 设计过程描述：选取某个函数，依照该函数按关键字计算元素的存储位置，并按此存放。查找时，由同一个函数对给定值 kx 计算地址，将 kx 与地址单元中元素关键字进行比较，确定是否查找成功，这就是哈希查找。

线性探测法解决冲突：$Hi=(Hash(key)+d_i)\bmod m(1\leqslant i< m)$。其中，$Hash(key)$为哈希函数，$m$ 为哈希表长度，$d_i= 1，2，3，\cdots，m-1$。

④ 基本操作：首先输入和显示数据；然后进行查找，找到数据则显示元素所在的位置；再分别进行和删除操作。

3．参考程序

【程序代码】

```
#include<dos.h>
#include<conio.h>
#include<math.h>
#include<stdio.h>
#include<stdlib.h>
#define MAXSIZE 12              //哈希表的最大容量，与所采用的哈希函数有关
enum BOOL{False,True};
enum HAVEORNOT{NULLKEY,HAVEKEY,DELKEY};   //哈希表元素的 3 种状态，没有记录、
                                          //有记录、有过记录但已被删除
typedef struct                 //定义哈希表的结构
{
    int elem[MAXSIZE];                    //数据元素体
    HAVEORNOT elemflag[MAXSIZE];          //元素状态标志，没有记录、有记录、
                                          //有过记录但已被删除

    int count;                            //哈希表中当前元素的个数
}HashTable;
typedef struct
{
```

```
    int keynum;                                 //记录的数据域，只有关键字一项
}Record;
void InitialHash(HashTable&);                   //初始化哈希表
void PrintHash(HashTable);                       //显示哈希表中的所有元素
BOOL SearchHash(HashTable,int,int&);             //在哈希表中查找元素
BOOL InsertHash(HashTable&,Record);              //在哈希表中插入元素
BOOL DeleteHash(HashTable&,Record);              //在哈希表中删除元素
int Hash(int);                                   //哈希函数
void main()
{
    HashTable H;                                 //声明哈希表 H
    char ch,j='y';
    int position,n,k;
    Record R;
    BOOL temp;
    InitialHash(H);
    while(j!='n')
    {
      printf("\n\t          哈  希  查  找              ");
      printf("\n\t***************************************");
      printf("\n\t*          1-----建    表            *");
      printf("\n\t*          2-----显    示            *");
      printf("\n\t*          3-----查    找            *");
      printf("\n\t*          4-----插    入            *");
      printf("\n\t*          5-----删    除            *");
      printf("\n\t*          0-----退    出            *");
      printf("\n\t***************************************");
      printf("\n\n\t 请输入菜单号: ");
      scanf(" %c",&ch);                          //输入操作选项
      switch(ch)
      {
        case '1':
          printf("\n 请输入元素个数(<10): ");
          scanf("%d",&n);
          printf("\n");
          for( k=0;k<n;k++)
          {
            printf("请输入第%3d 个整数: ",k+1);
            scanf("%d",&R.keynum);               //输入要插入的记录
            temp=InsertHash(H,R);
          }
          break;
        case '2':
          if(H.count)                            //哈希表不空
          PrintHash(H);
          else
            printf("\n 散列表为空表!\n");
          break;
        case '3':
          if(!H.count)
          printf("\n 散列表为空表!\n");          //哈希表空
          else
          {
            printf("\n 请你输入要查找元素(int):");
            scanf("%d",&R.keynum);               //输入待查记录的关键字
```

```
                temp=SearchHash(H,R.keynum,position);
                //temp=True:记录查找成功; temp=False:没有找到待查记录
                if(temp)
                    printf("\n 查找成功该元素位置是 %d\n",position);
                else
                    printf("\n 本散列表没有该元素!\n");
            }
            break;
        case '4':
            if(H.count==MAXSIZE)                //哈希表已满
            {
                printf("\n 散列表已经满!\n");
                break;
            }
            printf("\n 请输入要插入元素(int):");
            scanf("%d",&R.keynum);              //输入要插入的记录
            temp=InsertHash(H,R);
            //temp=True:记录插入成功; temp=False:已存在关键字相同的记录
            if(temp)
                printf("\n 元素插入成功!\n");
            else
                printf("\n 元素插入失败,相同元素本散列表已经存在!\n");
            break;
        case '5':
            printf("\n 请你输入要删除元素(int):");
            scanf("%d",&R.keynum);              //输入要删除记录的关键字
            temp=DeleteHash(H,R);
            //temp=True:记录删除成功; temp=False:待删记录不存在
            if(temp)
                printf("\n 删除成功!\n");
            else
                printf("\n 删除元素不在散列表中!\n");
            break;
        default: j='n';
        }
    }
    printf("\n\t 欢迎再次使用本程序,再见!\n");
}
void InitialHash(HashTable &H)
{                                           //哈希表初始化
    int i;
    H.count=0;
    for(i=0;i<MAXSIZE;i++)
        H.elemflag[i]=NULLKEY;
}
void PrintHash(HashTable H)
{                                           //显示哈希表所有元素及其所在位置
    int i;
    for(i=0;i<MAXSIZE;i++)                   //显示哈希表中记录所在位置
        printf("%-4d",i);
    printf("\n");
    for(i=0;i<MAXSIZE;i++)                   //显示哈希表中记录值
        if(H.elemflag[i]==HAVEKEY)
            printf("%-4d",H.elem[i]);
        else
```

```
                printf("%4c",' ');
        printf("\ncount:%d\n",H.count);        //显示哈希表当前记录数
}
BOOL SearchHash(HashTable H,int k,int &p)
{
    //在开放定址哈希表H中查找关键字为k的数据元素，若查找成功，以p指示待查数据
    //元素在表中的位置，并返回True；否则，以p指示插入位置，并返回False
    int p1;
    p1=p=Hash(k);                              //求得哈希地址
    while(H.elemflag[p]==HAVEKEY&&k!=H.elem[p])  //该位置中填有记录并且关键字
    {
        p++;                                  //不相等冲突处理方法：线性探测再散列
        if(p>=MAXSIZE)
            p=p%MAXSIZE;                      //循环搜索
        if(p==p1)
            return False;                     //整个表已搜索完，没有找到待查元素
    }
    if(k==H.elem[p]&&H.elemflag[p]==HAVEKEY)  //查找成功，p指示待查元素位置
        return True;
    else return False;                        //查找不成功
}
BOOL InsertHash(HashTable &H,Record e)
{
    //查找不成功时插入元素e到开放定址哈希表H中，并返回True，否则返回False
    int p;
    if(SearchHash(H,e.keynum,p))              //表中已有与e有相同关键字的元素
        return False;
    else
    {
        H.elemflag[p]=HAVEKEY;                //设置标志为HAVEKEY，表示该位置已有记录
        H.elem[p]=e.keynum;                  //插入记录
        H.count++;                            //哈希表当前长度加一
        return True;
    }
}
BOOL DeleteHash(HashTable &H,Record e)
{
    //在查找成功时删除待删元素e，并返回True，否则返回False
    int p;
    if(!SearchHash(H,e.keynum,p))             //表中不存在待删元素
        return False;
    else
    {
        H.elemflag[p]=DELKEY;                //设置标志为DELKEY，表明该元素已被删除
        H.count--;                            //哈希表当前长度减一
        return True;
    }
}
int Hash(int kn)
{
    return (kn%11);                          //哈希函数：H(key)=key MOD 11
}
```

4．程序运行

设有关键字为整数的一批记录，其散列表长 $m=12$，散列函数为 $H(k)=k\%11$。

依次存入一批关键字为 23、36、16、28、40、87、49、60、62 的记录，对其进行显示、查找、插入和删除等操作。

其操作如下：

① 建表和显示，如图 2-9-1 所示。

② 查找，如图 2-9-2 所示。

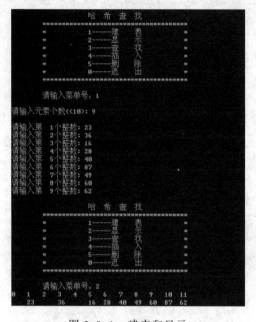

图 2-9-1　建表和显示

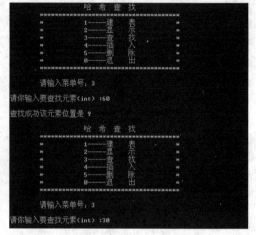

图 2-9-2　查找

③ 插入，如图 2-9-3 所示。

④ 删除，如图 2-9-4 所示。

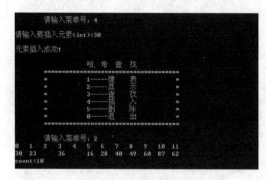

图 2-9-3　插入

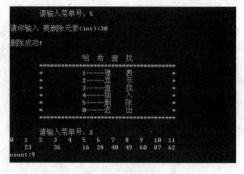

图 2-9-4　删除

5．算法分析

本实验程序用到的都是单循环，故时间复杂度为 $O(n)$，空间复杂度为 $O(1)$。

双向冒泡排序 《《《

1．实验目的

① 复习各种排序方法及适用场合，并能在解决实际问题时灵活应用。

② 重点分析冒泡排序的基本算法。

③ 对冒泡排序的算法进行改进，以实现双向冒泡排序。

2．实验内容

① 设计双向冒泡排序算法（每一趟排序通过相邻的关键字的比较，产生最小和最大的两个元素）。

② 待排序数据可以人机交互输入或用随机函数 rand()产生。

3．参考程序

【程序代码】

```c
#include<stdio.h>
#include<stdlib.h>
#include<time.h>
#define L 8
typedef struct
{
   int key;
   char otherinfo;
}RecType;
typedef RecType Seqlist[L+1];
Seqlist R;
void Bubblesort()                        //调用双向冒泡排序函数
{
   int i,j,k;
   printf("\n\t 尚未排序的数据为(回车继续): ");
   for(k=1;k<=L;k++)
     printf("%5d",R[k].key);
   getchar();
   printf("\n");
   for(i=1;i<=L/2;i++)
   {
     for(j=L;j>=i+1;j--)
     if(R[j].key<R[j-1].key)
     {
        R[0].key=R[j].key;
        R[j].key=R[j-1].key;
        R[j-1].key=R[0].key;
```

```
        }
        for(k=1;k<=L-i;k++)
            if(R[k].key>R[k+1].key)
            {
                R[0].key=R[k].key;
                R[k].key=R[k+1].key;
                R[k+1].key=R[0].key;
            }
            printf("\t 第%d 趟排序结果为(回车继续): ",i);
            for(k=1;k<=L;k++)
                printf("%5d",R[k].key);
            getchar();
            printf("\n");
        }
        printf("\t 最终排序结果是: ");
        for(i=1;i<=L;i++)                    //循环输出排序结果
            printf("%5d",R[i].key);
        printf("\n\n");
}
void main()
{
        int i;
        srand(time(NULL));
        printf("\n\t 随机产生%d 个待排序的原始数据: ",L);
        for(i=1;i<=L;i++)                    //随机产生 L 个数据
        {
            R[i].key=rand()%100;
            printf("%5d",R[i].key);
        }
        printf("\n");
        Bubblesort();                        //调用双向冒泡排序函数
}
```

4．程序运行

程序运行以后，会自动产生 8 个随机输入数据。每按一次【Enter】键完成一趟排序，即找出一个最小的数据排在最前面；找出一个最大的数据排在最后面。整个排序过程如图 2-10-1 所示。

图 2-10-1　输出程序运行结果

5．算法分析

双向冒泡排序的时间复杂度虽然也是 $O(n^2)$，但这个算法优于单向冒泡排序之处是可能会减少排序的趟数。

辅助空间只用一个 $R[0]$，其空间复杂度为 $O(1)$。

第 3 部分

模 拟 试 卷

模拟试卷1

一、判断题（正确的请在后面的括号内打√；错误的打×）（每题1分，共5分）

（1）数据的逻辑结构和数据存储结构是相同的。 （ ）

（2）一个栈的输入序列为A、B、C、D，可以得到输出序列C、A、B、D。 （ ）

（3）串中任意个字符组成的子序列称为该串的子串。 （ ）

（4）若从一个无向图中任一顶点出发，进行一次深度优先遍历，就可以访问图中所有的顶点，则该图一定是连通的。 （ ）

（5）对有序表而言采用二分查找法总比采用顺序查找法速度快。 （ ）

二、填空题（每小题1分，共20分）

（1）数据的_____结构是独立于计算机的。

（2）已知如下程序段：

```
for(i=n;i>0;i--)                    // 语句 1
{
  x=x+1;                           // 语句 2
  for(j=n;j>=i;j--)                // 语句 3
    y=y+1;                         // 语句 4
}
```

语句4执行的频度为_____。

（3）顺序表是一种_____存取结构。

（4）带头结点的双循环链表L中只有一个元素结点的条件是_____。

（5）在栈中存取数据遵循的原则是_____。

（6）A *(B+C) –D 的后缀表达式是_____。

（7）用下标0开始的 N 元数组实现循环队列时，为实现下标变量 M 加1后在数组有效下标范围内循环，可采用的表达式是 M=_____。

（8）在一个链队列中，若队头指针为 front，队尾指针为 rear，则判断该队列只有一个结点的条件为_____。

（9）串是一种特殊的线性表，它的每一个结点仅由_____字符组成。

（10）设 S="A:/mydocument/text1.doc"，"t"字符定位的位置为_____。

（11）在多维数组中，数据元素的存放地址可以直接通过地址计算公式算出，所以多维数组也是一种_____存取结构。

（12）head (tail ((a,b),(c,d)))=_____。

（13）由二叉树的后序和_____遍历序列，可以唯一确定一棵二叉树。

（14）用一维数组存放的一颗完全二叉树：*ABCDEFGHI*，写出中序遍历该二叉树时，写出中序遍历该二叉树时访问结点的顺序：_____。

（15）*n* 个顶点的连通图的邻接矩阵至少有_____个非零元素。

（16）Kruskal 算法求最小生成树的时间复杂度为_____。

（17）二叉排序树的_____可以得到一个有序序列。

（18）在关键字序列（7，12，15，18，27，32，41，92）中用二分查找法查找和给定值为92相等的关键字，写出查找过程中依次和给定值92比较的关键字：_____。

（19）对 n 个元素的序列进行冒泡排序，最少的比较次数是_____。

（20）在对序列（25，35，16，97，86，35，68，91，76）进行直接插入排序时，若将第6个元素35插入有序区时，为查找正确的插入位置，需要进行_____次关键字比较。

三、单选题（每小题1分，共20分）

（1）一个存储结点存放一个（　　　　）。

A．数据项　　　　B．数据元素　　　　C．数据结构　　　　D．数据类型

（2）某程序的时间复杂度为$(3n^2+\log_2 n+n^3+15)$其数量级表示为（　　　　）。

A．$O(n)$　　　　B．$O(n^2)$　　　　C．$O(n^3)$　　　　D．$O(n\log_2 n)$

（3）线性表是（　　　　）。

A．一个有限序列，可以为空　　　　　　B．一个有限序列，不能为空

C．一个无限序列，可以为空　　　　　　D．一个无限序列，不能为空

（4）已知一个顺序存储的线性表，设每个结点需占 d 个存储单元，若第一个结点的地址是 2 000，则第 i 个结点的地址为（　　　　）。

A．$2\,000-i\times d$　　　　B．$2\,000+i\times d$　　　　C．$2\,000+(i-1)\times d$　　　　D．$2\,000+(i+1)\times d$

（5）4个元素 a1、a2、a3 和 a4 依次入栈，入栈过程中允许元素出栈，假设某一时刻栈的状态是 a3（栈顶）、a2、a1（栈底），则不可能的出栈顺序是（　　　　）。

A．a4、a3、a2、a1　　　　　　　　　B．a3、a2、a4、a1

C．a3、a1、a4、a2　　　　　　　　　D．a3、a4、a2、a1

（6）若一个栈以向量 V[1,…,n]存储，初始栈顶指针 top 为–1，则下面 x 进栈的正确操作是（　　　　）。

A．top=top+1; V[top]=x　　　　　　　B．V[top]=x; top=top+1

C．top=top–1; V[top]=x　　　　　　　D．V[top]=x; top=top–1

（7）带头结点的链队列 LQ 如图 3-1-1 所示，LQ 为空时（　　　　）。

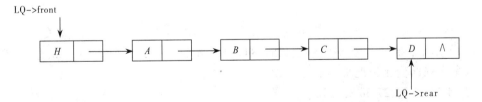

图 3-1-1　带头结点的链队列 LQ

A．LQ->front== LQ->rear　　　　　　　B．LQ->rear==NULL

C．LQ->front!= LQ->rear　　　　　　　D．LQ->front== NULL

（8）设数组 data[m]为循环队列 SQ 的存储空间，front 为队头指针，rear 为队尾指针，则执行出队操作后其头指针 front 的值为（　　　　）。

A．front=front+1　　　　　　　　B．front=(front+1)%(m-1)

C. front=(front−1)%m   D. front=(front+1)%m

（9）若字符串"ABCDEFGH"采用链式存储，假设每个字符占用一个字节，每个指针占用 4 个字节，则该字符串的存储密度为（   ）。

A. 20%   B. 33.3%   C. 40%   D. 50%

（10）简单模式匹配算法在最好情况下的时间复杂度是（   ）。

A. $O(m)$ B. $O(n)$ C. $O(m+n)$ D. $O(m×n)$

（11）稀疏矩阵一般的压缩存储方法有两种，即（   ）。

A. 二维数组和三维数组   B. 三元组和散列

C. 三元组和十字链表   D. 散列和十字链表

（12）广义表运算式 Tail((a,b),(c,d)) 的操作结果是（   ）。

A. ((c,d))   B. (c,d)   C. c,d   D. d

（13）根据二叉树的定义，具有 3 个结点的二叉树有（   ）种树形。

A. 3   B. 4   C. 5   D. 6

（14）某二叉树的前序遍历序列为 DABCEFG，中序遍历序列为 BACDFGE，则层次遍历序列为（   ）。

A. BCAGFED   B. DAEBCFG   C. ABCDEFG   D. BCAEFGD

（15）设无向图的顶点个数为 n，则该图最多有（   ）条边。

A. $n-1$ B. $n(n-1)/2$ C. $n(n+1)/2$ D. n^2

（16）连通分量指的是（   ）。

A. 无向图中的极小连通子图   B. 无向图中的极大连通子图

C. 有向图中的极小连通子图   D. 有向图中的极大连通子图

（17）散列存储的基本思想是根据键值来决定（   ）。

A. 存储地址   B. 元素的序号   C. 平均查找长度   D. 散列表空间

（18）有一个有序表为{4，6，12，32，40，42，50，60，72，78，80，90，98}，当二分查找值为 80 的结点时，要进行比较的次数为（   ）。

A. 2   B. 3   C. 4   D. 5

（19）稳定的排序方法是指在排序前后，关键字值相等的不同记录间的前后相对位置（   ）。

A. 保持相反   B. 保持不变   C. 不确定   D. 无关

（20）用某种排序方法对线性表{25，84，21，47，15，27，68，35，20}进行排序时，无序序列的变化情况如下：

25 84 21 47 15 27 68 35 20

20 15 21 25 47 27 68 35 84

15 20 21 25 35 27 47 68 84

15 20 21 25 27 35 47 68 84

则所采用的排序方法是（   ）。

A. 选择排序   B. 希尔排序   C. 归并排序   D. 快速排序

四、应用题（每小题 5 分，共 30 分）

1. 设稀疏矩阵 $A_{5×5}$，如图 3-1-2 所示。

$$\begin{pmatrix} 6 & 0 & 3 & 0 & 0 \\ 0 & -1 & 0 & 0 & 0 \\ 0 & 0 & 0 & 4 & 0 \\ 0 & 0 & 0 & 0 & 2 \\ 0 & 0 & 0 & -3 & 0 \end{pmatrix}$$

图 3-1-2　稀疏矩阵 $A_{5\times5}$

（1）试给出 A 的三元组表。

（2）写出三元组表的 C 语言描述。

2. 画出表达式 $(A+B\times C-D)/(E+(F-G))$ 的标识符树，并求其后缀表达式。

3. 给定一个权集 $W=\{1,6,3,12,13,9,16,18\}$：

（1）画出相应的哈夫曼树。

（2）计算其带权路径的长度 WPL。

4. 已知某无向图的邻接表如图 3-1-3 所示。

（1）画出该无向图。

（2）并分别给出从 A 出发的深度优先搜索生成树和广度优先搜索生成树。

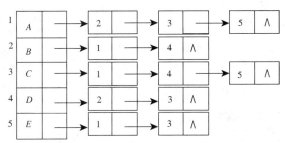

图 3-1-3　无向图的邻接表

5. 对于给定结点的关键字集合 $K=\{15,9,20,12,17,4,18,10,29,6\}$：

（1）构成一棵二叉排序树。

（2）查找关键字 18，要比较几次才能找到？先后与哪些关键字比较？

（3）试问如何得到该二叉排序树的有序序列？

6. 对关键字序列（72，87，61，23，94，16，05，58）进行堆排序，使之按关键字递减次序排列。写出排序过程中得到的初始堆和前三趟的序列状态。

五、程序填空题（每空 1 分，共 10 分）

1. 设广义表采用如图 3-1-4 所示的存储结构。

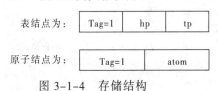

图 3-1-4　存储结构

其 C 语言描述如下：

```
typedef enum{ATOM,LIST} ElemTag;
typedef struct GLNode
{
```

```
   ElemTag tag;                           //公共部分，用于区分原子和表
   union
   {                                      //原子和表的联合部分
      DATA atom;                          //原子结点的值域
      struct
      {
        struct GLNode *hp,*tp;
      }ptr;                               //ptr是表结点的指针域
   }                                      //ptr.hp指向表头，ptr.tp指向表尾
}*Glist;
```

填空完成求广义表深度的递归算法。

```
int GlistDepth(Glist L)
{
   int dep;
   if(!L)
      return    (1)    ;
   if(    (2)    )
      return 0;
   for(max=0,pp=L;    (3)    ;pp=pp->ptr.tp)
   {
      dep=    (4)    ;
      if(dep>max)
          (5)    ;
   }
   return max+1;
}
```

2. 二分插入排序程序填空：

```
void BInsSort()                           //按递增顺序对R[1]～R[n]进行二分插入排序
{
   int  i,j,low,high,m;
   for(i=2;i<=    (1)    ;i++)
   {
      R[0]=R[i];                          //设定R[0]为监视哨
      low=1;high=    (2)    ;
      while(low    (3)    high)
      {
          (4)    ;
         if(R[0]<R[m])
              high=m-1;
         else
              low=m+1;
      }
      for(j=i-1;j>=high+1;j--)
         R[j+1]=    (5)    ;               //元素后移
      R[high]=R[0];                        //插入
   }
}
```

六、按题目要求，写出运行下列程序的结果（5分）

二叉树如图 3-1-5 所示，其存储结构为二叉链表。其中，lchild、rchild 分别为指向左、右孩子的指针，data 为数据域，试回答下列问题：

（1）执行算法 traversal()，写出其输出结果。

（2）试写出算法 traversal()的时间复杂度。

二叉树的二叉链表描述如下：

```
typedef struct BT
{
  datatype data;
  BT *lchild;
  BT *rchild;
}BT;
```

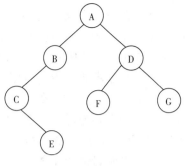

图 3-1-5　二叉树

C 算法如下：

```
void traversal(BT *T)
{
  if(T!=NULL)
  {
    cout<<T->data;
    traversal(T->lchild);
    cout<<T->data;
    traversal(T->rchild);
  }
}
```

七、编程题（10 分）

已知 A、B 和 C 为 3 个递增有序的线性表，现要求对 A 表作如下操作：删去那些既在 B 表中出现又在 C 表中出现的元素。试对顺序表编写实现上述操作的算法，并分析算法的时间复杂度（注意：题中没有特别指明同一表中的元素值各不相同）。

模拟试卷 2

一、判断题（正确的请在后面的括号内打√；错误的打×）（每题 1 分，共 5 分）

（1）顺序存储方式的优点是存储密度大，且插入、删除运算效率高。　（　　）

（2）在循环队列中无溢出现象。　（　　）

（3）广义表是线性表的推广，所以广义表也是线性表。　（　　）

（4）一棵完全二叉树中序遍历序列的最后一个结点，必定是该二叉树前序遍历的最后一个结点。　（　　）

（5）采用希尔排序时，若原始关键字的排列杂乱无序，则效率最高。　（　　）

二、填空题（每小题 1 分，共 20 分）

（1）数据的最小标识单位称为_____。

（2）若一个算法中的语句频度之和为 $T(36n+4n\log n)$，则算法的时间复杂度为：_____。

（3）在链表的结点中，数据元素所占的存储量和整个结点所占的存储量之比称为_____。

（4）删除双向循环队列表中*P 的前驱结点（存在），应执行的语句序列是：P->prior ->prior ->next=P；_____。

（5）在有 *n* 个元素的栈中，出栈操作的时间复杂度为_____。

（6）设有一个顺序空栈，现有输入序列为 *ABCDE*，经过 PUSH、PUSH、POP、PUSH、POP、PUSH、PUSH、POP 操作之后，输出序列是_____。

（7）在顺序队列中，当尾指针等于数组的上界时，即使队列不满，再做入队操作也会产生溢出，这种现象称为_____。

（8）一个初始输入序列 *A*、*B*、*C*、*D*，顺序进入栈 S，然后依次出栈并进入队列 Q，再从队列 Q 出队进入栈 S，则在栈 S 中从栈顶到栈底的序列为：_____。

（9）串常量的值不能改变，只能_____。

（10）在串的运算中，EqualStr(aaa,aabb)的值为_____。

（11）数组元素 a[0,…,2][0,…,3]的基地址是 1000，元素长度是 4，则 LOC[1,2]=_____。

（12）广义表 LS=(a,(b),((c,d)))的表尾是_____。

（13）已知完全二叉树 T 的第 5 层只有 7 个结点，则该树共有_____个叶子结点。

（14）设一棵二叉树结点的先序遍历序列为 *ABDECFGH*，中序遍历序列为 *DEBAFCHG*，则其后序遍历序列是：_____。

（15）具有 6 个顶点的无向图，至少要有_____条边，才能保证该图是连通的。

（16）*n* 个顶点的连通图的邻接矩阵最多有_____个非零元素。

（17）已知一个有序表为（12，18，20，25，29，32，40，62，83，90，95，98），当二分查找值为 29 的元素时，需要_____次比较才能查找成功。

（18）对于线性表（70，34，55，23，65，41，20，100）进行散列存储时，若选用 $H(K)=K\%9$ 作为散列函数，则散列地址为 7 的元素有_____个。

（19）对一组记录（54，35，96，21，12，72，60，44，80）进行直接选择排序时，第三次选择和交换后，未排序记录是_____。

（20）对于关键字序列（52，80，63，44，48，91）进行一趟快速排序之后得到的结果为_____。

三、单选题（每小题 1 分，共 20 分）

（1）计算机算法指的是解决问题的步骤序列，它必须具备（　　）3 个特性。

A. 可行性、可移植性、可扩充性　　　　B. 可行性、确定性、有穷性
C. 确定性、有穷性、稳定性　　　　　　D. 易读性、稳定性、安全性

（2）下列时间复杂度中最好的是（　　）。

A. $O(1)$　　　　B. $O(n)$　　　　C. $O(\log_2 n)$　　　　D. $O(n^2)$

（3）在长度为 *n* 的顺序表中的第 *i* 个位置上插入一个元素，元素的移动次数为（　　）。

A. $n-i+1$　　　B. $n-1$　　　　C. i　　　　D. $i-1$

（4）在单向循环链表中，若头指针为 h，那么 p 所指结点为尾结点的条件是（　　）。

A. p=NULL　　　B. p->next=NULL　　C. p=h　　　　D. p->next=h

（5）若进栈序列为 *abc*，则通过入、出栈操作可能得到的 *abc* 的不同排列个数为（　　）。

A. 4　　　　　　B. 5　　　　　　C. 6　　　　　　D. 7

（6）已知一个算术表达式的中缀表达式为 $A+B×C-D/E$，后缀表达式为（　　）。

A. $AB+C×DE-/$　　B. $ABC×+DE/-$　　C. $ABC×+D/E-$　　D. $ABC×+DE-/$

（7）设栈 S 和队列 Q 的初始状态为空，元素 e_1、e_2、e_3、e_4、e_5 和 e_6 依次通过栈 S，一个元素出栈后即进队列 Q，若 6 个元素出队的序列是 e_2、e_4、e_3、e_6、e_5、e_1 则栈 S 的容量至少应该是（　　）。

A. 6　　　　　　B. 4　　　　　　C. 3　　　　　　D. 2

（8）在一个链队列中，假定 front 和 rear 分别为队头和队尾指针，则插入 *s 结点的操作为（　　）。

A. front->next=s;front=s;　　　　　　B. s->next=rear;rear=s;

C. rear->next=s;rear=s;　　　　　　D. s->next=front;front=s;

（9）设目标串 T="AABBCBCDDEEFF"，模式 P="BCD"，则该模式匹配的有效位移为（　　）。

A. 3　　　　　　B. 4　　　　　　C. 5　　　　　　D. 6

（10）S1="Today is"，S2="30 July 2005"，执行串连接函数 ConcatStr(S1,S2)后的结果为（　　）。

A. "Today is30 July 2005"　　　　　　B. "30 July 2005"

C. "Today is"　　　　　　D. "30 July 2005 Today is"

（11）一个 $n×n$ 的对称矩阵，如果以行或列为主序放入内存，则其容量为（　　）。

A. $n×n$　　B. $n×n/2$　　C. $(n+1)×n/2$　　D. $(n+1)×(n+1)/2$

（12）设广义表 D=(a,b,c,D)，其深度为（　　）。

A. 2　　　　B. 3　　　　C. 4　　　　D. ∞

（13）在下述结论中，正确的是（　　）。

① 只有一个结点的二叉树的度为 0。

② 二叉树的度为 2。

③ 二叉树的左、右子树可任意交换。

④ 深度为 k 的完全二叉树的结点个数小于或等于深度相同的满二叉树。

A. ①②③　　　　　　B. ②③④

C. ②④　　　　　　D. ①④

（14）如图 3-2-1 所示二叉树遍历不可能产生的序列是（　　）。

A. $DECBA$　　　　　　B. $CABED$

C. $CBADE$　　　　　　D. $DBCAE$

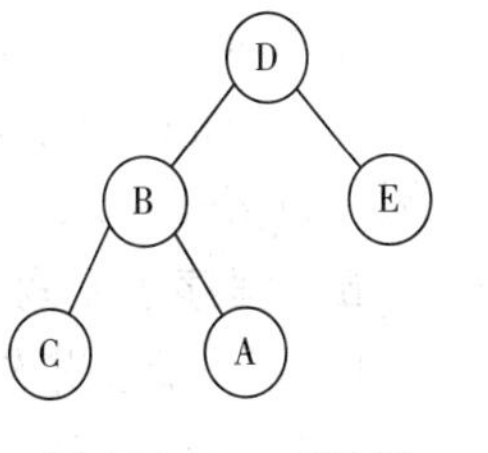

图 3-2-1　二叉树

（15）具有 12 个顶点的无向图至少有多少条边才能保证连通（　　）。

A. 9　　　　　　B. 10

C. 11　　　　　　D. 12

（16）给定有向图如图 3-2-2 所示，从顶点 1 出发，其深度优先搜索序列为（　　）。

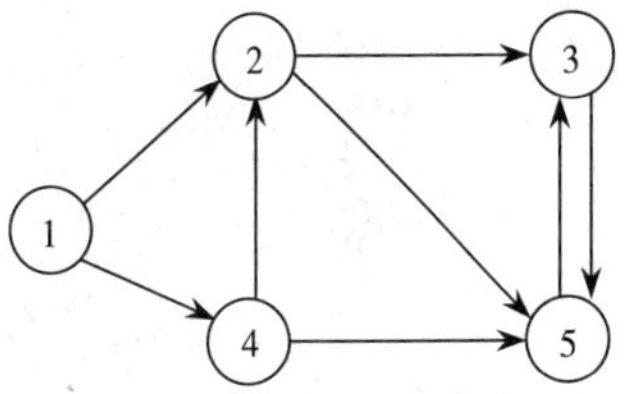

图 3-2-2　有向图

A. 12534   B. 12435   C. 14325   D. 12345

（17）对包含 n 个元素的散列表进行查找，平均查找长度为（   ）。

A. $O(n^2)$ B. $O(\log_2 n)$ C. $O(n)$ D. 不直接依赖于 n

（18）设有一个长度为 100 的已排好序的表，用二分查找进行查找，若查找不成功，至少比较（   ）次。

A. 6   B. 7   C. 8   D. 9

（19）采用顺序查找方法查找长度为 n 的线性表时，每个元素的平均查找长度为（   ）。

A. n B. $n/2$ C. $(n+1)/2$ D. $(n-1)/2$

（20）快速排序方法在（   ）情况下最不利于发挥其长处。

A．待排序的数据量太大   B．要排序的数据中含有多个相同值

C．待排序的数据已基本有序   D．要排序的数据个数为奇数

四、应用题（每小题 5 分，共 30 分）

1. 利用栈求表达式 $A/B-(C+D\times E)+F$ 的后缀表达式。

2. 已知二叉树的后序遍历为 $RSBECFKLMDA$，中序遍历为 $RBSCEAFDLKM$。

（1）试画出该二叉树。

（2）写出二叉树的前序遍历序列。

3. 对于给定的 5 个字母 A、B、C、D、E，它们的频度依次为 2、5、6、8、13，试构造哈夫曼树；并求出它们的哈夫曼编码。

4. 带权无向图（网络）如图 3-2-3 所示：

（1）画出该网络的邻接矩阵。

（2）用 Prim 算法构造最小生成树。

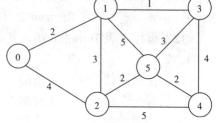

5. 给定结点的关键字序列为：87、25、11、8、27、28、68、95、70、6、83、63、18、47，已知设散列函数为：$H(K)= K\%13$。

图 3-2-3   带权无向图（网络）

（1）试画出链地址法解决冲突时所构造的哈希表。

（2）求其平均查找长度。

6. 已知数据序列 {20，26，14，10，16，12，11，09，15，28}，写出希尔排序每一趟（设 d=5、2、1）排序的结果。

五、程序填空题（每空 1 分，共 10 分）

1. 一个带头指针的单链表，填空完成在值为 x 的结点之后插入 m 个结点的算法。

```
void insertm(lklist head;int m)
{
   p=head->next;
   while(p!=NULL&&    (1)    )
      p=    (2)    ;
      q=p->next;
   for(i=0;    (3)    ;i++)
   {
      s=new(node);
      cin<<a;                      // 输入待插入的值
      s->data=    (4)    ;
```

```
      p->next=s;
      p=____(5)____;
   }
   p->next=q;
}
```

2. 填空完成交换二叉树中每个结点的左、右孩子的算法。

```
typedef struct BT
{
   datatype data;                        // 定义结点
   BT *lchild;
   BT *rchild;
}BT;
void Exchange(BT *T)                     // 交换每个结点的左、右孩子
{
   BT *P;
   if(____(1)____)
   {
      Exchange(T->lchild);
      Exchange(T->rchild);
      if(____(2)____)
      {
         p=____(3)____;                  // p为中间变量
         T->lchild=____(4)____;
         T->lchild=____(5)____;
      }
   }
}
```

六、按题目要求，写出运行下列程序的结果（5分）

设栈和队列的元素类型均为 char，且队列 Q 中的元素为 ASDFGH，试写出运行下列算法后队列 Q 的元素，并说明该算法的功能。

```
void algo(Queue &Q)
{
   Stack S;
   char d;
   InitStack(S);                         // 初始化栈
   while(!QueueEmpty(Q))
   {
      OutQueue(Q,d);                      // 输出队头元素
      Push(S,d);
   }
   while(!StackEmpty(S))
   {
      Pop(S,d);
      InQueue(Q,d);                       // 进队
   }
}
```

七、编程题（10分）

图用邻接矩阵存储，设计一个深度优先遍历图的非递归算法。

第④部分

模拟试卷参考答案

模拟试卷 1 参考答案

一、判断题答案

题目	1	2	3	4	5
答案	×	×	×	√	×

二、填空题答案

（1）逻辑　　　　　　　　（2）n(n+1)/2　　　　　　（3）随机

（4）L->next->next==L　　（5）后进先出　　　　　　（6）ABC+*D-

（7）(M+1)%N　　　　　　（8）front==rear&&front!NULL　（9）一个

（10）13　　　　　　　　　（11）随机　　　　　　　　（12）c

（13）中序　　　　　　　　（14）*HDIBEAFCG*　　　　（15）2*n*-2

（16）$O(n\log 2n)$　　　　　（17）中序遍历　　　　　　（18）18，32，41，92

（19）*n*-1　　　　　　　　（20）3

三、选择题答案

题目	（1）	（2）	（3）	（4）	（5）	（6）	（7）	（8）	（9）	（10）
答案	B	C	A	C	C	A	A	D	A	C

题目	（11）	（12）	（13）	（14）	（15）	（16）	（17）	（18）	（19）	（20）
答案	C	A	C	B	B	B	A	C	B	D

四、应用题答案

1.　（1）稀疏矩阵 *A* 的三元组表为：

i	*j*	*v*
0	0	6
0	2	3
1	1	-1
2	3	4
3	4	2
4	3	-3

（2）三元组表的 C 语言描述为：

```
#define SMAX  25
struct SPNode
{
    int i,j,v;
};
struct sparmatrix
{
    int rows,cols,terms;
    SPNode data[SMAX];
};
```

2.

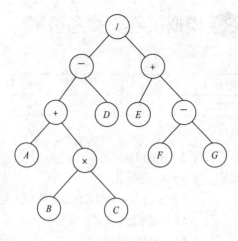

后缀表达式为：$A\ B\ C \times + D - E\ F\ G - + /$。

3. （1）

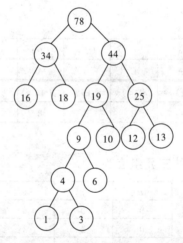

（2）WPL=(16+18)×2+(10+12+13)×3+6×4+(1+3)×5=68+105+24+20=217。

4.

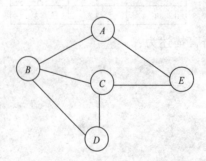

深度优先搜索生成树为：

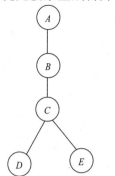

广度优先搜索生成树为：

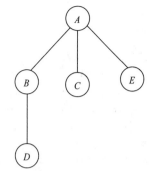

5.（1）构造的二叉排序树为：

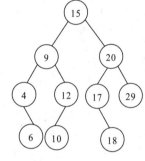

（2）查找关键字 18 要比较 4 次才能找到，先后与关键字 15、20、17、18 比较。

（3）中序遍历能得到二叉排序树的有序序列为：4、6、9、10、12、15、17、18、20、29。

6. 初始堆：（05，23，16，58，94，72，61，87）

第一趟：（16，23，61，58，94，72，87，05）

第二趟：（23，58，61，87，94，72，16，05）

第三趟：（58，72，61，87，94，23，16，05）

五、程序填空答案

1.

（1）1　（2）L->tag==ATOM　（3）PP　（4）pp->ptr.hp　（5）max=dep

2.

（1）n　（2）n　（3）<=　（4）m=(low+high)/2　（5）R[j]

六、答案

（1）ABCCEEBADFFDGG（先根再左再根再右）

（2）时间复杂度 $O(n)$

分析：每个结点都被打印两次，其规律是：凡是有左子树的结点，必间隔左子树的全部结点后再重复出现；如 A、B、D 等结点。反之马上就会重复出现，如 C、E、F、G 等结点。

七、程序设计题答案

算法分析：先从 B 和 C 中找出共有元素，记为 same，再在 A 中从当前位置开始，凡小于 same 的元素均保留(存到新的位置),等于 same 的就跳过,到大于 same 时就再找下一个 same。

算法源代码:

```
void SqList_Intersect_Delete(SqList *A,SqList B,SqList C)
{ i=0; j=0; k=0; m=0;          // i指示 A 中元素原来的位置, m 为移动后的位置
  While (i<(*A).length&&j<B.length&& k<C.length)
   { if (B.elem[j]<C.elem[k])
     j++;
    else
     if (B.elem[j]>C.elem[k])
      k++;
     else
      { same=B.elem[j];              // 找到了相同元素 same
       While (B.elem[j]==same)
        j++;
       while (C.elem[k]==same)
        k++;                         // j 和 k 后移到新的元素
       while (i<(*A).length&&(*A).elem<same)
        (*A).elem[m++]=(*A).elem[i++]; // 需保留的元素移动到新位置
       While (i<(*A).length&&(*A).elem==same)
        i++;                         // 跳过相同的元素
      }
   }                               // while
  While (i<(*A).length)
   (*A).elem[m++]=(*A).elem[i++];   // A 的剩余元素重新存储
  (*A).length=m;
}                                   // SqList_Intersect_Delete
```

模拟试卷 2 参考答案

一、判断题答案

题目	（1）	（2）	（3）	（4）	（5）
答案	×	√	×	×	√

二、填空题答案

（1）数据项 （2）$O(n\log n)$ （3）存储密度

（4）P->prior= P->prior ->prior ; （5）$O(1)$ （6）*BCE*

（7）假溢出 （8）A、B、C、D （9）引用

（10）<0 （11）1024 （12）((b),((c,d)))

（13）11 （14）*EDBFHGCA* （15）5

（16）$n(n-1)$ （17）4 （18）2

（19）96, 54, 72, 60, 44, 80 （20）48, 44, 52, 63, 80, 91

三、选择题答案

题目	（1）	（2）	（3）	（4）	（5）	（6）	（7）	（8）	（9）	（10）
答案	B	A	A	D	B	B	C	C	D	A
题目	（11）	（12）	（13）	（14）	（15）	（16）	（17）	（18）	（19）	（20）
答案	C	D	D	A	C	A	D	B	C	C

四、应用题答案

1. $A B / C D E \times + - F +$。

2.

（1）二叉树为：

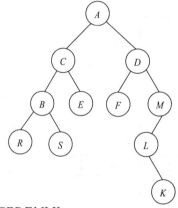

（2）前序序列为：$ACBRSEDFMLK$。

3. 哈夫曼树为：

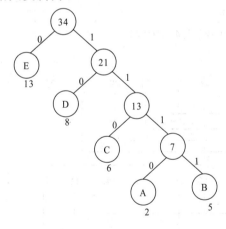

哈夫曼编码为：

E：13——0；

D：8 ——10；

C：6 ——110；

B：5 ——1111；

A：2 ——1110。

4.

（1）邻接矩阵为：

$$A= \begin{pmatrix} 0 & 2 & 4 & 0 & 0 & 0 \\ 2 & 0 & 3 & 1 & 0 & 5 \\ 4 & 3 & 0 & 0 & 5 & 2 \\ 0 & 1 & 0 & 0 & 4 & 3 \\ 0 & 0 & 5 & 4 & 0 & 2 \\ 0 & 5 & 2 & 3 & 2 & 0 \end{pmatrix}$$

（2）最小生成树为：

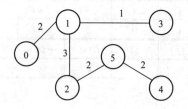

5.

（1）链地址法解决冲突时所构造的哈希表为：

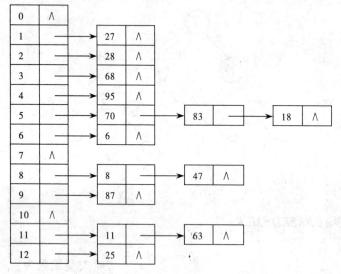

（2）平均查找长度 ASL=(1×10+2×3+3×1)/14=19/14。

6. 希尔排序的每一趟结果为：

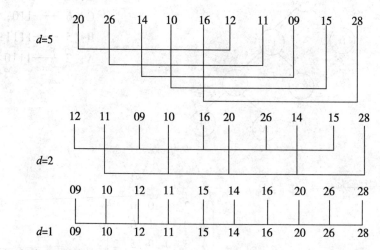

五、程序填空题答案

1.

（1）p->data!=x　　（2）p->next　　（3）i<m　　（4）a　　（5）s

2.

（1）T!=NULL　（2）T->lchild||T->rchild　（3）T->lchild　（4）T->rchild　（5）p

六、答案

HGFDSA，将队列中的数据元素逆置。

七、程序设计题答案

分析：在相应的深度优先遍历的非递归算法中,使用一个辅助数组 visit[],在 visit[i] 中记忆第 i 个顶点是否访问过。使用一个栈 s，存储回退的路径。

程序代码：

```
void  DFS(int v,Mgraph  *G)            // 从顶点 v 开始进行深度优先搜索
{
  int visit[MAXVERTEX];
  int s[MAXVERTEX];
  int i,j,k,top;
  top=0;
  s[++top]=v;
  for(i=0;i<G->vexnum;i++)
     visit[i]=0;
  while(!top)
  {
    k=s[top];
    top--;                             // 栈中退出一个顶点
    if(!visit[k])
    {
      printf("%d",k);
      visit[k]=1;                      // 访问，并做访问标记
      for(j=Vertex_num-1;j>=0;j--)     // 检查 k 的所有邻接顶点
        if(k!=j&&!G->arcs[k][j])
           s[++top]=j;                 // 所有邻接顶点进栈
    }
  }
}
```

第5部分

课程设计报告样例

1 课 题 概 述

本次数据结构课程设计的题目是设计并实现大整数（超过十位的整数）的加减乘除运算。

1.1 课题的目的

整数的加减乘除运算是日常生活中常见的四则数学运算。在不借助计算器的手工条件下，人们往往会通过列竖式的形式来计算结果。当借助计算机来运算时，虽然不用列竖式那么麻烦，但是由于计算机对于整数的存储往往只有 2 B 或 4 B 的空间，因此能够表示的整数存储范围比较有限。即使采用 4 B 来存储整数，它所能表示的范围也只有[-2147483648,+2147483647]。

一般称十位以上的十进制整数为大整数，这类大整数在 C 语言系统中因超界溢出，是不能直接用基本数据类型来表示和计算的。因此，采用特定的数据结构和算法，通过编写计算机程序的方式来实现这些功能，无疑具有较大的实际意义。

1.2 课题的要求

1.2.1 输入/输出的要求

（1）程序运行后应首先输出一个主菜单，并将所有的加、减、乘、除等功能罗列在主菜单上供用户进行选择，以便进行相应的操作。

（2）运算对象应能够从键盘输入，并且运算过程中可以不断更新运算的输入数据。

（3）用户每次更新输入数据并选择运算菜单后，应能立即输出运算的结果。

（4）运行结果的输出应整齐、清晰，以便用户能够验证程序的正确性。

（5）在用户输入大整数之前，程序可以先预设两个大整数。预设的大整数可以在程序代码中固定，也可以将程序前一次运行时的大整数以参数形式保存到指定文件中，以便程序下次启动时能够从指定文件读入大整数的值。

1.2.2 程序实现的功能要求

（1）大整数的具体存储可以采用顺序或链式结构，但是必须抽象出具体的大整数类型 BigInt。

（2）本课题中参与运算的大整数至少应能达到 30 位，通过修改程序中的符号常量值后，重新编译可以方便地扩充大整数的位数。

（3）每次运算除了能得到正确的运算结果外，不能改变运算对象的值（因为后续运算中还需要多次使用当前的两个运算对象）。

（4）无论大整数为正、为负或为零，均可以正常运算得到正确的结果。

（5）能够实现加法、减法、乘法和除法（包括求余）的功能。

2 概 要 设 计

2.1 程序的模块结构

根据课题要求,整个程序按功能可划分为加法、减法、乘法和除法 4 个主要模块。除上述主要功能模块之外,为更好地提供程序的人机交互能力,程序还应提供退出程序、清屏、更新大整数 A 和大整数 B 等辅助模块。程序各功能模块的划分如图 5-2-1 所示。

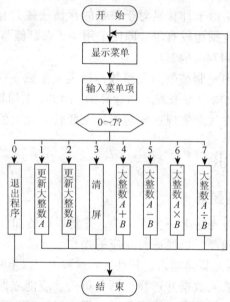

图 5-2-1　程序各功能模块

2.2 大整数存储结构的选择

由于用户输入的大整数本质上是一个数字字符串,在运算过程中,最常做的操作是提取串中的各位数字去运算,而大整数本身在运算过程中并不会作任何改变。

当字符串中不涉及频繁地插入和删除操作,并且需要快速地随机存取串中各个字符的情况下,采用数组形式的顺序存储是最好的选择。由于串中每个单元的值基本上都是数字字符 0~9,因此从有效节约存储空间的角度考虑,数组元素的类型应该选择字符型。

另外一个问题就是大整数正负符号的表示和存储。一种方案是将符号和数值一起都放在字符数组中,那么在数值的运算过程中,每次运算或者每个循环都需要考虑到符号的存在,这样显然会把数值的运算过程变得复杂,运算过程中的逻辑思路就更难以理清了。因此,最好的方式是将大整数的符号和数值分开表示和存储。这样,任何时候大整数的运算就始终只是运算对象绝对值的计算，至于运算结果的符号，可以容易地根据运算对象的符号来单独确定。这样做的另一个好处，就是当两个异号的大整数相减时，完全可以调用加法函数来完成；当两个异号的大整数相加时，完全可以调用减法函数来完成；当两个负的大整数相减时，也完全可以转换为两个正数相减的形式，从而可以使加减运算在最大程度上得到统一。

综上分析，大整数类型 BigInt 定义为如下形式：

```
#define BIT_NUM 52          // 确保大整数的绝对值可以达到50位
typedef struct
{ char data[BIT_NUM];       // 保存大整数的绝对值（数字字符串）
  char sign;                // 符号位，0表示正数，1表示负数
}BigInt;
```

2.3　输入数据合法性的检测及初步处理

参与运算的两个大整数由用户输入后更新，为防止输入非法数据，在更新大整数之前，对用户输入数据合法性检验是非常重要的。

按整数输入习惯分析，用户的合法输入有如下3种情形：

（1）以正号起始的正大整数，比如+765432。

（2）以负号起始的负大整数，比如-765432。

（3）无符号的大整数，比如765432，很显然，它应该视为正大整数。

根据 2.2 节对大整数存储结构的分析，对用户输入的大整数应将其符号和数值分开存储，以用户输入-765432 为例，具体的处理过程如图 5-2-2 所示。

输入的大整数串 buf 中，除符号外，如果串中其他字符出现非数字字符的情况，则应立即判定用户输入错误，并提示重新输入。

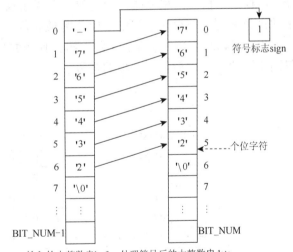

图 5-2-2　用户输入大整数串的合法性检查及初步处理

2.4　算法的描述

2.4.1　加法运算

大整数的加法运算，需要先将大整数字符串中的各个数字字符转换为对应的整型数字，并依次转存于另一数组中，然后再将对应位置的数字相加。

加法运算是从大整数的最低位开始往高位方向，对应位置的数字依次进行运算

的。由于两个大整数的长度可能不等，将两个大整数从个位开始对齐会让加减运算的过程更为清晰。因此，将大整数从最低位开始往高位方向，各个字符转换后依次存储到数字数组（个位数字从 BIT_NUM-1 号单元对齐）。

以大整数 765432 为例，具体的转换过程如图 5-2-3 所示。

大整数数字串转换为低位对齐的数字数组后，还应根据两个运算对象的符号，对不同的相加运算情况进行区分。如果是两个异号的大整数相加，则可以转换为相减的形式，通过调用减法函数予以实现。

如果是两个同号的大整数相加，则从最低位开始，对应位置的数字相加，再加上相邻低位向该位的进位，即形成当前位的"和"。该"和"对10 求余后得到的余数，即为当前位应保留的最终数字；该"和"除以 10 的商，即构成当前位向相邻高位的进位。需要注意的是，运算对象的最高位相加后，产生的进位标志仍需存入运算结果中作为最高位。

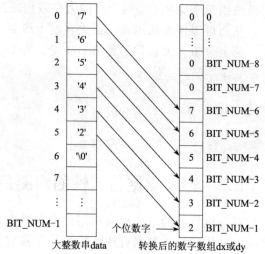

图 5-2-3 加减运算前，大整数串先转换为个位对齐的数字数组

以 765432 和 189 这两个整数为例，具体的加法运算过程如图 5-2-4 所示，图中仅画出了两个整数最低位相加的过程。

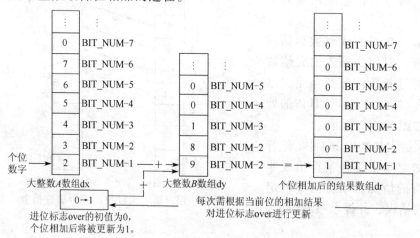

图 5-2-4 加法运算示意图

假设被加数和加数的位数分别为 la 和 lb，根据相加过程分析，只要从低位开始扫描一遍两个大整数，对应位置的数字相加即可。因此，加法运算的时间复杂度 $T(\text{la,lb})=O(\max\{\text{la,lb}\})$。

2.4.2 减法运算

减法运算前，也应先根据两个运算对象的符号，对不同的相减情况进行区分。如果是两个异号的大整数相减，则应转换为相加的形式，通过调用加法函数予以实现；若是两个负数相减，则应先将两个运算对象的符号都设置为正，并且交换减数和被减数的位置之后再相减。因此，真正需要实现的减法运算，只是两个正的大整数相减的情况。

两个正的大整数相减时，需要先比较被减数和减数绝对值的大小，根据绝对值的比较情况，先设置运算结果的符号，然后再让绝对值大的整数来减绝对值小的整数。相减过程中，从两个大整数的最低位开始往高位方向，让对应位置的数字依次相减。如果出现被减数当前位的数字不够减的情况，应向其相邻的高位进行借位，相邻高位的数字减1 的同时，当前位的数字应加 10，即从相邻高位借来的"1"在当前位应当成"10"来用。

由上述过程可知，相减算法的时间复杂度与相加算法应完全相同。以 765432 和 189 这两个整数为例，具体的减法运算过程如图 5-2-5 所示，图中仅画出了两个整数最低位相减的过程。

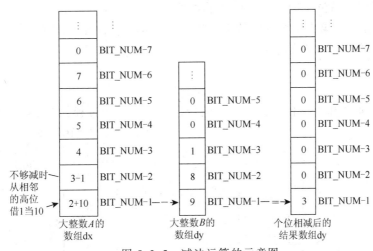

图 5-2-5   减法运算的示意图

2.4.3 乘法运算

两个大整数相乘时，先根据两个运算对象的符号确定运算结果的符号，数值相乘的过程中将不再考虑符号。根据整数乘法的运算规则，若两个运算对象异号，则运算结果为负；若两个运算对象同号，则运算结果为正。

在大整数相乘之前，也应先将大整数串转换为数字数组，与加减运算前的转换不同的是，此时不用将两个大整数从最低位对齐，而只需将大整数的数字从最高位向最低位方向，从 0 号单元开始依次存储即可。以 765432 为例，具体的转换过程如图 5-2-6 所示。

数值相乘时，从相乘结果的最

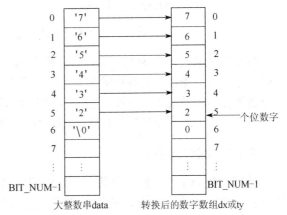

图 5-2-6   乘法运算前，大整数串先转换为数字数组

低位开始向最高位方向依次计算，相乘结果的最低位从数组的 lenX+lenY−1 单元开始存放（lenX 和 lenY 分别为被乘数 A 和乘数 B 的位数）。先计算相乘结果第 k 位相关的数值 tmp_k，tmp_k 由满足 $i+j+1=k$ 的所有位置的数字相乘后求和，然后再加上相邻低位（即第 $k+1$ 位）向该位的进位 $over_{k+1}$ 产生（若第 k 位为最低位，此时并无第 $k+1$ 位，则 $over_{k+1}$ 取进位标志 over 的初值 0；其中 i 为被乘数 A 中数字的下标，j 为乘数 B 中数字的下标）。具体的计算公式如下：

$$tmp_k = \sum_{i=0}^{lenX-1} \sum_{j=0}^{lenY-1} dx[i] \times dy[j] + over_{k+1}，（其中 i 和 j 应满足 i+j+1=k）$$

由于在十进制中"逢 10 进 1"，若某位数值达到 10，则应向相邻的高位产生进位，显然 tmp_k 有可能超过 10，因此应将其对 10 求余的结果保留在第 k 位，将其除以 10 的商作为向相邻高位（即第 $k-1$ 位）的进位。

相乘结果应该在第 k 位留下的数字 $dr[k]$，以及第 k 位向相邻高位（第 $k-1$ 位）的进位 $over_k$ 的计算公式分别如下：

$$dr[k]=tmp_k\%10$$
$$over_k=tmp_k/10$$

以整数 765432 和 189 相乘为例，其最低位相乘运算的过程如图 5-2-7 所示。

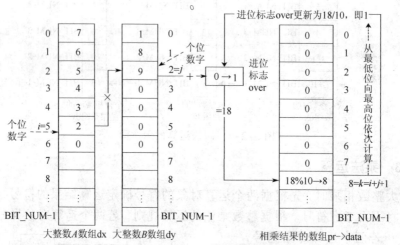

图 5-2-7　乘法运算的示意图

假设被乘数的位数为 la，乘数的位数为 lb。根据大整数相乘的流程，相乘算法的执行时间主要取决于相乘过程中的三重循环。分析可知，最外层循环的执行次数为相乘结果位数可能达到的最大值，即 la+lb；第二层和第三层循环的执行次数则分别为 la 和 lb。

因此，乘法运算的时间复杂度 $T(la，lb)=O((la+lb) \times la \times lb)$。

2.4.4　除法运算

计算整数 $A \div B$ 的商和余数，首先应明确商和余数的构成原则。若把 A 和 B 当成浮点数，相除算出带小数的结果，直接取其整数部分即为商（向零取整，不是四舍五入，也不是向上或向下取整），把商记为 C，则余数为 $A - B \times C$。

例如，下列各种不同的相除形式，它们的商和余数分别如下：

$7 \div 3 = 2$ 余 1　　　　　$3 \div 7 = 0$ 余 3

$7 \div (-3) = -2$ 余 1　　　$3 \div (-7) = 0$ 余 3

$(-7) \div 3 = -2$ 余 -1　　$(-3) \div 7 = 0$ 余 -3

$(-7) \div (-3) = 2$ 余 -1　　$(-3) \div (-7) = 0$ 余 -3

$(-7) \div (-7) = 1$ 余 0　　$7 \div 7 = 1$ 余 0

$(-7) \div 7 = -1$ 余 0　　　$7 \div (-7) = -1$ 余 0

综上分析可知，当余数为非零时，余数总是与被除数同号；当运算对象 A 和 B 异号时商为负，反之则商为正。因此 $A \div B$ 时，先根据 A 和 B 的符号确定商和余数的符号，在数值相除的过程中将不再考虑符号。

除法运算是大整数运算中最为复杂的算法，也是效率最低的一种运算。根据乘法的意义，乘法运算可以转换成加法运算，$a \times b = \sum_{i=1}^{b} a$，而对于除法运算，当然也可以转化为用减法来完成。在数值相除之前，应先将大整数串转换为数字数组，由于大整数相除可以转化为多次反复相减的形式，所以该转换与大整数相减运算前的转换类似，此时也需将两个大整数从最低位对齐。可以将两个大整数的个位从 0 号单元对齐，当然也可以将两个大整数的个位从数组末尾的 BIT_NUM-1 号单元对齐。

本算法采用的是将两个大整数的个位数字从 0 号单元开始对齐的方式，以 765432 为例，具体的转换过程如图 5-2-8 所示。

大整数相除时，先不管两个大整数绝对值的大小，先尝试着用被除数 A 去减除数 B。若够减，则返回相减结果的位数（相减结果仍存放于被除数 A 的数组空间中；若返回值为 0，则说明被除数 A 和除数 B 的绝对值正好相等）；若不够减，则无须相减，直接返回 -1 即可（此时商为零，余数即为被除数 A）。因此，根据相减函数的返回值即可判定出被除数 A 和除数 B 绝对值的关系。

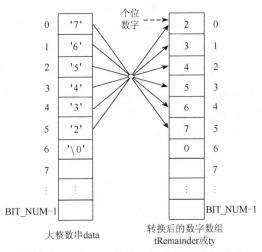

图 5-2-8　除法运算前，大整数串先转换为逆序的数字数组

假设被除数为 765432，除数为 189，则被除数 A 对应的数字数组 tRemainder 首次尝试减去除数 B 对应的数字数组 ty，其过程如图 5-2-9 所示。此时够减，相减的结果 765243 仍保存于 tRemainder 中，相减函数返回相减结果 765243 的位数 6，同时商数组中的 quotient[0]+1。

若|被除数 A|≤|除数 B|，由于商为 0 或者 ± 1，因此可以直接输出商和余数；若|被除数 A|>|除数 B|，则需要用首次相减之后的结果再减除数 B。

为提高两个数组相减的速度，可以先对除数数组 ty 的内容移动 bitDif 位（相当于乘以 10^{bitDif}，其中 bitDif 是被除数 A 比除数 B 多的位数），使得 tRemainder 和 ty 这两个数组的长度相同，然后再尝试相减。

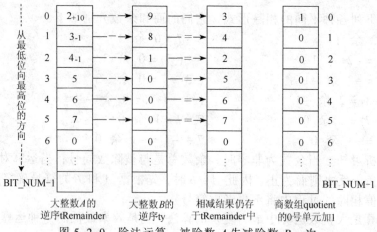

图 5-2-9　除法运算，被除数 A 先减除数 B 一次

若 tRemainder 余下的内容够减，则相减之后的结果仍保存在 tRemainder 中，同时商的数组单元 quotient[bitDif−j]++（j 的初值为 0）；若 tRemainder 不够减了，则 j++，然后让 tRemainder 和 ty 这两个数组再次相减。

由于始终将 ty+j 当作除数数组的起始位置，随着 j 每增大 1，意味着除数 B 的位数逐渐减少。因此，当 tRemainder 不够减时，调整除数 B 低位部分 0 的个数，可以使得再次够减，每相减一次则商的数组单元 quotient[bitDif−j]++，直至 j>bitDif 时停止相减。最后被除数 A 对应的数字数组 tRemainder 中剩下的内容即为 A÷B 余数的逆序。

假设首次相减后 tRemainder 数组中的值为 765243，除数 B 的逆序数组 ty 移位到和 tRemainder 长度相同后，其值变为 189000。被除数 A 的逆序数组 tRemainder 和除数 B 的逆序数组 ty 第二次相减（此时 j=0）的具体过程如图 5-2-10 所示，后续的相减过程可以根据前面的描述类推。

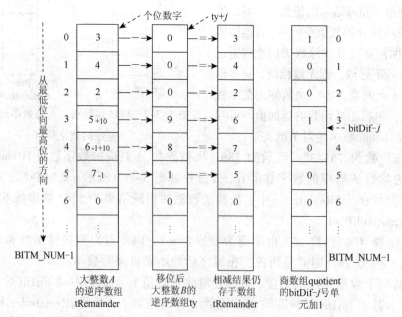

图 5-2-10　调整除数 B 对应的逆序数组 TY 的位数后，再用 A 的数组减去 B 的数组

通过上述算法描述，画出大整数相除算法的流程如图 5-2-11 所示。

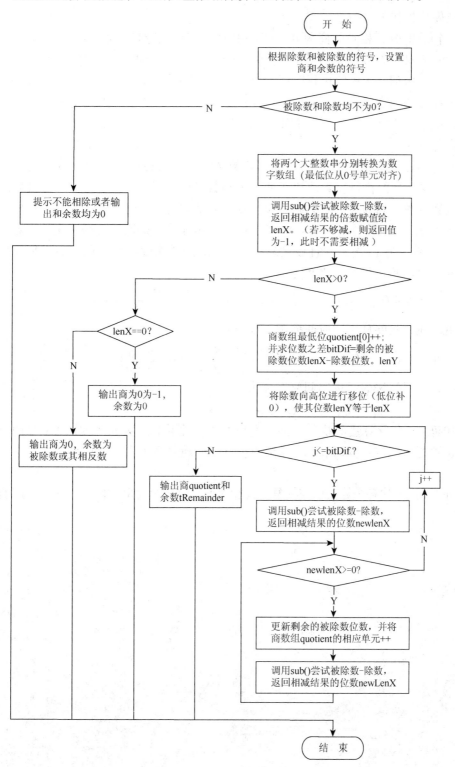

图 5-2-11　大整数相除的流程

假设被除数的位数为 la，除数的位数为 lb。根据大整数相除的流程，相除算法的时间复杂度分析如下：

① 当 la<lb 时，相除的商为 0，此时的时间复杂度显然为 $O(1)$。

② 当 la==lb 时，相除的商不超过 9，此时的时间复杂度也为 $O(1)$。

③ 当 la>lb 时，算法的执行时间主要耗费于被除数反复减去除数的双重循环，并且该双重循环的内层循环中调用的 sub()函数里还有一层循环，因此整个算法的时间复杂度取决于该三重循环。下面着重对 la>lb 时，即在最坏情况下，相除算法的时间复杂度进行分析。

从相除的流程分析可知，最外层循环的执行次数为两个大整数的位数之差，即 la-lb；第二层循环的执行次数取决于两个大整数对应位置的数字大小，考虑最坏的情况，被除数的数字均为 9，而除数对应位置的数字均为 1，此时第二层循环的执行次数应约等于 9；第三层循环，即 sub()函数体中的循环，分析可知其循环执行次数，最多为 la 次，最少为 lb 次，并且该循环执行次数是随着被除数位数的减少而呈线性方式递减的，因此其执行次数之和为

$$la + (la - 1) + (la - 2) + \cdots + (lb + 1) + lb = \frac{(la - lb + 1)(la + lb)}{2}。$$

综上所述，相除算法的时间多项式如下：

$$T(la, lb) = (la - lb) \times 9 \times \frac{(la - lb + 1)(la + lb)}{2} \approx \frac{9}{2}(la - lb)^2(la + lb)$$

因此，相除算法的渐进时间复杂度为

$$O((la - lb)^2(la + lb))$$

由此公式可知，相除算法的执行时间主要取决于被除数和除数的位数之差；当两个大整数的位数之差固定不变时，相除算法的执行时间随着两个大整数的位数之和呈线性增长。

另外，以上所述各个算法的空间复杂度相对而言均较为简单，本报告略过不予讨论。

3　程序功能的实现

3.1　主函数的实现

先定义两个大整数 x 和 y，并给它们赋初值，然后进入程序的主循环。在主循环中，先调用菜单函数显示主菜单，并提示用户输入菜单项，然后根据用户选择的菜单项，调用相应的功能模块，功能模块调用过程中或调用结束后，输出程序功能的执行结果。

```
void main()
{ int select;
  char state;
  BigInt x, y, ret;
  system("color f0");
  strcpy(x.data, "1234567890987654321");        // 给大整数预设初始值
  x.sign=0;
  strcpy(y.data, "112233445566778899 0012345");
  y.sign=0;
  ret.sign=0;                                    // 结果默认为正
  while(select)                                  // 程序主循环
  { menu();                                      // 显示菜单
    printf("请选择一个菜单项: ");
    scanf("%d", &select);
    switch(select)
    { case 0:
      exit(0);                                   // 退出程序
      case 1:
        printf("当前的大整数 A 为: \n");
        outputBigInt(strlen(x.data)+1, &x);
        printf("请输入大整数 A(小于 50 位): \n");
        state=input(&x);                         // 更新大整数 A
        if(state)
        { printf("大整数 A 已更新为: \n");
          outputBigInt(strlen(x.data)+1, &x);
          printf("\n"); }
        break;
      case 2:
        printf("当前的大整数 B 为: \n");
        outputBigInt(strlen(y.data)+1, &y);
        printf("请输入大整数 B(小于 50 位): \n");
        state=input(&y);                         // 更新大整数 B
        if(state)
          { printf("大整数 B 已更新为: \n");
            outputBigInt(strlen(y.data)+1, &y);
            printf("\n");}
          break;
      case 3:
```

```
                system("cls");                    // 清屏
                break;
            case 4:
                add(&x, &y, &ret);                // 加法
                outputVerticalForm(&x, '+', &y, &ret);
                clRet(&ret);
                break;
            case 5:
                minus(&x, &y, &ret);              // 减法
                outputVerticalForm(&x, '-', &y, &ret);
                clRet(&ret);
                break;
            case 6:
                multiply(&x, &y, &ret);           // 乘法
                outputVerticalForm(&x, '*', &y, &ret);
                clRet(&ret);
                break;
            case 7:                               // 除法的结果在除法函数输出
                outputVerticalForm(&x, '/', &y, &ret);
                divide(&x, &y);                   // 除法
                break;
            default:
                printf("无此菜单项，请重新输入！\n\n");
        }
    }
}
```

3.2 主要功能模块的实现

3.2.1 加法的实现

　　加法功能模块首先根据两个运算对象的符号来区分相加形式，对于两个异号大整数的相加，先构造出两个运算对象的副本，然后通过调用相减函数 minus() 予以实现；对于两个同号大整数的相加，先根据运算对象的符号设置运算结果的符号，然后再进行两个大整数绝对值的相加。

　　加法算法的代码实现如下：

```
void add(BigInt *px, BigInt *py, BigInt *pr)
{   char dx[BIT_NUM]={0};
    char dy[BIT_NUM]={0};
    char ret[BIT_NUM]={0};
    int  lenX, lenY, i, j;
    int  over=0, tmp;
    if(px->sign && py->sign)                      // 两个负数相加，结果也为负
        pr->sign=1;
    else  if(!(px->sign) && !(py->sign))          // 两个正数相加，结果也为正
            pr->sign = 0;
        else          // 一正一负，或者一负一正，转换为相减形式，调用减法函数
            { BigInt x=*px, y=*py;                // 重新构造两个大整数的副本
                if(x.sign==1)                     // 若大整数 A 为负
                    { x.sign=0;minus(&y, &x, pr); }// 本质为 |B|-|A|
```

```
                else                         // 若大整数 B 为负
                   { y.sign=0;minus(&x, &y, pr);}  // 本质为|A|-|B|
      return;
   }
   // 以下为两个正数相加的实现，先分别求出大整数串的长度
   lenX=strlen(px->data);
   lenY=strlen(py->data);
   // 将被加数和加数字符串转换为数字数组，且从数组的尾部开始存放（便于最低位对齐）。
   for(i=lenX-1, j=BIT_NUM-1; i>=0; i--, j--)
      dx[j]=px->data[i]-'0';
   for(i=lenY-1, j=BIT_NUM-1; i>=0; i--, j--)
      dy[j]=py->data[i]-'0';
   for(i=BIT_NUM-1; i>0; i--)
   { tmp=dx[i]+dy[i]+over;                    // 对应的位相加,再加上进位
      ret[i]=tmp%10;                          // 超出 10，则只保留余数
      over=tmp/10;                            // 超出 10，则向上进位
   }
   ret[i]=over;
   j=0;
   while(ret[j]==0)                           // 查找最高位的位置
      j++;
   for(i=j; i<BIT_NUM; i++)                   // 所有位的数字转为字符
      pr->data[i-j] = ret[i]+'0';
   pr->data[i-j]='\0';                        // 给结果字符串最后加上'\0'
}
```

3.2.2 减法的实现

减法功能模块也是首先根据两个运算对象的符号来区分不同的相减形式，对于两个异号大整数的相减，先构造出两个运算对象的副本，然后通过调用相加函数 add() 予以实现；对于两个负数相减，可以转化为两个正数相减的形式，因此可以通过递归调用 minus() 函数的方式予以实现。因此，minus() 函数中除了需要分清 4 种不同的相减形式之外，重点需要实现的是两个大整数绝对值的相减。

两个大整数的绝对值相减时，又会分为被减数是否够减两种情况。若被减数够减，则先将两个大整数的个位对齐，然后从低位向高位，对应位的数字依次相减，当前位不够减时则向相邻的高位"借一当十"即可。若被减数不够减，则先设置相减结果的符号为负，然后将被减数和减数各个对应位的数字换位相减即可。

减法算法的代码实现如下：

```
void minus(BigInt *px, BigInt *py, BigInt *pr)
{ char dx[BIT_NUM]={0};
   char dy[BIT_NUM]={0};
   char ret[BIT_NUM]={0};
   int  lenX, lenY, i, j, sign=0;
   int  over=0, tmp;
   // 若 A 和 B 符号相异，则将 A-B 转换为相加形式
   if((px->sign==0&&py->sign==1)||(px->sign==1&&py->sign==0))
      { BigInt x=*px, y=*py;          // 构造 A 和 B 的副本 A'和 B'
         y.sign = y.sign?0:1;         // 将 B'变为其相反数（符号 0 为正，1 为负）
         add(&x, &y, pr);             // 本质为|A|+|B|或-(|A|+|B|)
```

```
            return;}
        // 若 A 和 B 均为负数，则将 A-B 转换为 |B|-|A| 形式
    else if(1==px->sign && 1==py->sign)
    {  BigInt x=*px, y=*py;          // 构造 A 和 B 的副本 A'和 B'
        x.sign=0;                    // 将 A'变为其相反数
        y.sign=0;                    // 将 B'也变为其相反数
        minus(&y, &x, pr);           // 本质为 |B|-|A|
        return;}
    // 以下代码为两个正数相减的情况，先求被减数和减数的实际长度
    lenX=strlen(px->data);
    lenY=strlen(py->data);
    // 先将被减数和减数字符串转换为数字数组，且从数组的尾部开始存放（便于最低位对齐）
    for(i=lenX-1, j=BIT_NUM-1; i>=0; i--, j--)
        dx[j]=px->data[i]-'0';
    for(i=lenY-1, j=BIT_NUM-1; i>=0; i--, j--)
        dy[j]=py->data[i]-'0';
    if(lenX<lenY)                    // 若被减数位数少于减数位数
        pr->sign=1;                  // 设置结果为负的标志
    else if(lenX==lenY)              // 若被减数位数等于减数位数
    {  while(j<BIT_NUM && dx[j]==0)  // 找到最高位的数字单元下标 j
            j++;
        while(j<BIT_NUM && dx[j]==dy[j]) // 依次比较各位，若相等则比较下一位
            j++;
        if(BIT_NUM==j)
            return;
        if( dx[j]<dy[j] )            // 如果被减数小于减数
            pr->sign=1;     }        // 设置结果为负的标志
    if(0==pr->sign)                  // 若相减结果为正数或为 0
    {  for(i=BIT_NUM-1; i>0; i--)    // 从最低位开始，对应的位依次相减
        {  if(dx[i]<dy[i])           // 对应的位不够减时，则需借位
            {  tmp=dx[i]-dy[i]+10;
                dx[i-1] --;}
            else
                tmp=dx[i]-dy[i];     // 对应的位够减，则直接相减即可
            ret[i]=tmp; }            // 设置当前位的运算结果
    }
    else                             // 若相减结果为负，则计算减数-被减数
    {  for(i=BIT_NUM-1; i>0; i--)
        {  if(dy[i] < dx[i])
            {  tmp=dy[i]-dx[i] + 10;
                dy[i-1] --; }
            else
                tmp=dy[i]-dx[i];
            ret[i]=tmp; }            // 当前位的运算结果
    }
    j=0;
    while(ret[j]==0)                 // 查找第一个非零元素
        j++;
    for(i=j; i<BIT_NUM; i++)         // 将结果由数字数组重新转换为对应字符串
        pr->data[i-j]=ret[i]+'0';
    pr->data[i-j]='\0';
    }
```

3.2.3 乘法的实现

乘法功能模块首先根据两个运算对象的符号来确定相乘结果的符号。

相乘之前需要先分别求出两个大整数的长度 lenX 和 lenY，依此就能确定相乘结果最低位的下标 k=lenX+lenY-1。然后，从相乘结果的最低位开始，依此向高位方向计算当前位的临时数值 tmp，tmp 为满足条件数字的乘积求和，然后加上相邻低位的进位。最后取 tmp%10 为相乘结果当前位的数字，取 tmp/10 为当前位向相邻高位的进位值。

乘法算法的代码实现如下：

```c
void multiply(BigInt *px, BigInt *py, BigInt *pr)
{   char dx[BIT_NUM]={0}, over;
    char dy[BIT_NUM]={0};
    int i, j, k, lenX, lenY;
    long tmp;
// 设置结果的符号位
if((0==px->sign && 0==py->sign)||(1==px->sign && 1==py->sign))
    pr->sign=0;
else
    pr->sign=1;
// 大整数的位数
lenX=strlen(px->data);
lenY=strlen(py->data);
// 从最低位开始，将字符串依次转换为对应的数字串
for (i=lenX-1; i>=0; i--)
    dx[i]=px->data[i]-'0';
for (i=lenY-1; i>=0; i--)
    dy[i]=py->data[i]-'0';
// 乘法结果的位数最多为 lenX+lenY 位
pr->data[lenX+lenY]='\0';
over=0;
for (k=lenX+lenY-1; k >0; k--)  // k 为运算结果位的下标
{   tmp=over;
    for(i=lenX-1; i>=0; i--)
       for(j=lenY-1; j>=0; j--)
          if(i+j+1==k)          // 找出相乘结果应位于第 k 位的元素加到 tmp
             tmp+=dx[i]*dy[j];  // 对应的位相乘之后，求和
    pr->data[k]=tmp%10+'0';     // 计算当前位
    over=tmp/10;               // 计算进位
}
pr->data[0]=over + '0';        // 最后的进位放最高位位置(0 号单元)
for(i=0; i<lenX + lenY; i++)   // 消去结果字符串中高位部分的'0'
   if('0'!= pr->data[i])
      break;
   if(i==lenX+lenY)            // 若结果为 0，则只保留 pr->data[0]为'0'
      pr->data[1]='\0';
   else                        // 若结果不为 0，则结果依次前移
      { for(j=0, k=i; k<lenX + lenY; j++, k++)
           pr->data[j]=pr->data[k];
        pr->data[j]='\0';  }
}
```

3.2.4 除法的实现

除法功能模块主要分成 3 个子模块来实现，第一个模块为除法函数 divide()，它是除法运算的主体；第二个模块是被除数和除数的相减函数 sub()；第三个模块是输出商和余数的函数 printResult()。

（1）除法算法的主体代码实现如下：

```
// 计算 A÷B，被除数 A 由 px 指向，除数 B 由 py 指向
void divide(BigInt *px, BigInt *py)
{ int i, j;
    int bitDif=0;                      // 被除数和除数的位数之差
    int lenX=0,lenY=0;
    int tRemainder[BIT_NUM]={0};       // 被除数的逆序，tRemainder[0]为个位
    int ty[BIT_NUM]={0};               // 除数的逆序，ty[0]为个位
    int quotient[BIT_NUM]={0};         // 存放商的逆序，quotient[0]为个位
    char qSign=0, rSign=0;             // 分别为商和余数的符号，0 为正，1 为负
// 先设置商的符号，0 为正，1 为负
    if((0==px->sign && 0==py->sign)||(1==px->sign && 1==py->sign))
        qSign=0;
    else
        qSign=1;
// 设置余数的符号，0 为正，1 为负
rSign=px->sign;
lenX=strlen(px->data);
lenY=strlen(py->data);
// 若被除数 A 和除数 B 均不为 0
if(strcmp(px->data,"0") && strcmp(py->data,"0"))
{   // 将 px->data 从低位开始依次变为数字，转存到 tRemainder 中
    for(i=lenX-1, j=0; i>=0; i--, j++)
        tRemainder[j] = px->data[i]-'0';
    // 将 py->data 从低位开始依次变为数字，转存到 ty 中。
    for(i=lenY-1, j=0; i>=0; i--, j++)
        ty[j]=py->data[i]-'0';
    // 不管大小，先尝试相减；若够减则返回相减结果的长度，若不够减则返回-1
    lenX=sub(tRemainder,ty,lenX,lenY);
    if(lenX<0)                         // 被除数<除数，不够减，因此根本没有相减
        { printf("商为: 0\n");
            if(1==rSign)
                printf("余数为: -%s\n\n", px->data);
            else
                printf("余数为: %s\n\n", px->data);
        return;    }
    else if(lenX==0)                   // 相减后结果为 0，说明 A==B
    {   if (1==qSign)
            printf("商为: -1\n");
        else
            printf("商为: 1\n");
        printf("余数为: 0\n\n");
        return;
    // 因为刚减掉除数一次，因此商加 1；相减的结果在 tRemainder 中，其长度是 lenX
    quotient[0]++;
    // tRemainder 是被除数减去除数之后结果的逆序，ty 中是除数的逆序；
```

```
        // 进一步计算当前 tRemainder 和 ty 的位数之差
     bitDif = lenX-lenY;
        // 若当前被除数位数仍多于除数（若少于除数，则无需再做其它处理），
        // 则将 ty 乘以 10 的 bitDif 次幂，使得 ty 的长度和 tRemainder 相同
     if(bitDif >= 0)
     { for(i=lenX-1; i>=0; i--)
        { if(i>=bitDif) // ty 所有位的数字依次后移，前面的低位部分补 0
             ty[i]=ty[i-bitDif];
          else
             ty[i]=0;
        }
        // 以下双重循环是相除算法的核心部分
        lenY=lenX;
        for(j=0; j<=bitDif; j++)
          { // 先减去若干个 ty×(10 的 bitDif 次方)，
            // 不够减，再减去若干 ty×(10 的 bitDif-1 次方)，……
            // newLenX 为新的相减结果的位数（即 tRemainder 的位数）
            int newLenX=sub(tRemainder, ty+j, lenX, lenY-j);
            while(newLenX>=0)        // 如果被除数够减，则一直减除数
            { lenX=newLenX;          // 更新剩余的被除数的长度
              quotient[bitDif-j]++;      // 每减一次，对应的商单元加 1
              newLenX=sub(tRemainder, ty+j, lenX, lenY-j); // 再相减
            }
          }
     }
     // 输出商 quotient 和余数 tRemainder
     printResult(quotient, qSign, tRemainder, rSign);
}
else if(!strcmp(py->data,"0"))           // 若除数 B 为 0
     printf("除数为 0，无法相除！\n\n");
   else                                // 若被除数 A 为 0
     printf("商为：0\n 余数为：0\n\n");
}
```

（2）被除数和除数相减的函数 sub()

长度为 lenX 的逆序大整数 tRemainder，减去长度为 lenY 的逆序大整数 ty；结果仍以逆序方式存放在 tRemainder 里（tRemainder[0], ty[0]均是个位）；

函数返回值代表相减结果 tRemainder 的长度。

如果不够减，则返回值为-1；如果相减的结果为 0，则返回值为 0。其代码实现如下：

```
int sub(int tRemainder[],int ty[],int lenX,int lenY)
{ int i;
  if(lenX<lenY)                    // 如果 tRemainder 位数小于 ty，不够减，返回-1。
     return -1;
  else if(lenX == lenY)              // 如果 tRemainder 位数等于 ty，
     { for(i=lenX-1;i>=0;i--)         // 则进一步从最高位开始比较各位的大小
        { // 如果被除数的数字大于除数中的对应数字，则说明被除数大
          if (tRemainder[i] > ty[i])
             break;                    // 可以用被除数去减除数，退出循环
           else if(tRemainder[i]<ty[i])   // 反之，则说明除数大
             return -1; }              // 不能用被除数去减除数，直接返回-1
          // 如果被除数和除数中的对应数字相等，则通过 i--直接查看下一位
```

```
}
// 执行到此，说明被除数 tRemainder 大于除数 ty，可以两者相减，
// 因此从低位向高位，对应的位依次相减
for(i=0;i<lenX;i++)
{  tRemainder[i]-=ty[i];              // 当 i>=lenY 时，ty[i]==0
   if(tRemainder[i]<0)               // 若第 i 位结果为负，则说明当前位不够减
   {  tRemainder[i+1]--;             // 向高位借 1
      tRemainder[i]+=10; }           // 从高位借来的 1，在低位当 10 用
}
// 从高位向低位依次查看，找到第一个非零元素时，
// 此位置 i 即为相减结果的最高位下标，i+1 即为相减结果的位数
for(i=lenX-1;i>=0;i--)
   if(tRemainder[i])
      return i+1;
return 0;                            // 此次相减的结果为 0，结果的位数当然为 0
}
```

（3）商和余数的输出函数 printResult()，其代码实现如下：

```
// 输出商 quotient[] 和余数 tRemainder[]，商和余数均是逆序存放的
void printResult(int quotient[], char qSign, int tRemainder[], char
   rSign)
{  int i;
   // 因为商的逆序数组中有可能出现 10，所以需要稍微整理一下
   for(i=0; i<BIT_NUM; i++)
   {  if(quotient[i]>=10)            // 如果超过 10，则需要向上进位
      {  quotient[i+1] += quotient[i]/10;
         quotient[i] %= 10; }
}
printf("商为: ");
if(qSign)                           // 商若为负，则需先输出负号
   printf("-");
// 商是逆序存放的，因此从高位往低位输出
i=BIT_NUM-1;
while(quotient[i]==0)               // 先查找第一个非 0 元素
   i--;
for(; i>=0; i--)                    // 后续元素依次输出
   printf("%d", quotient[i]);
printf("\n余数: ");
if(rSign)
   printf("-");
// 余数也是逆序存放的，因此从高位往低位输出
i=BIT_NUM-1;
while(tRemainder[i]==0)             // 先查找第一个非 0 元素
   i--;
for(;i>=0;i--)                      // 后续元素依次输出
   printf("%d", tRemainder[i]);
printf("\n\n");
}
```

4 程序调试及问题解决

虽然在程序的编写过程中遇到了很多问题，但是通过上网查阅相关资料，与其他同学讨论，询问指导老师等方式，最终都可一一解决。程序实现及调试过程中遇到的主要问题及解决方法如下：

① 程序的功能菜单列表建立后，如何实现加减乘除功能的多次重复执行？

解决方法：在主函数中，先用 while 构造一个死循环，在循环体中先显示菜单项列表，同时提示用户选择菜单项，然后用开关语句 switch 根据用户的不同选择调用具体的大整数运算函数或者更新运算对象，也可以选择菜单项 0 用 exit()函数或者 break 语句来结束整个程序。

② 以竖式形式输出大整数的运算过程时，如何确定运算对象和运算结果的输出宽度，并使它们从低位右对齐？

解决方法：对于加法、减法和乘法运算，先确定两个运算对象及其运算结果的位数，取这 3 个位数的最大值为 width，然后以 width+4 为输出宽度（因为运算数左边可能还有运算符，大整数串和运算符之间还应留少许空白）分 3 行输出两个运算数及其运算结果。输出每个大整数时，还应按为零、为正数、为负数这 3 种情况具体讨论。

例如，运算结果为正数时的输出形式为 printf("=%*s\n\n", width+3, pr->data);由于"="已占据一列，为保证运算结果与运算对象右对齐，所以运行结果字符串的输出宽度定为 width+3。

③ 加减运算在何种情况下可以相互转换，加减运算函数在相互调用时如何保证当前运算对象大整数 A 和 B 的值不被改变？

解决方法：大整数 A 和 B 相加时，若它们的符号相异，则应调用减法函数来运算。此时应先构造出两个大整数的副本 A'和 B'。若大整数 A'为负，则将 A'的符号由负改为正，然后调用减法函数来计算 B'-A'；反之若大整数 B'为负，则将 B'的符号由负改为正，然后调用减法函数来计算 A'-B'。

大整数 A 和 B 相减时，若它们的符号相异，则应调用加法函数来运算。此时也应先构造出两个大整数的副本 A'和 B'。若大整数 A'为负，则将大整数 B'的符号由正改为负，然后调用加法函数来计算 A'+B'；反之若大整数 B'为负，则将 B'的符号由负改为正，然后调用加法函数来计算 A'+B'。

④ 除数、被除数或运行结果为零情况的判断和处理。

解决方法：相除运算时，首先应判断除数是否为零，若除数为零，则直接输出不能相除的提示，不用再作任何运算；若除数不为零，还应进一步判断被除数是否为零，若被除数为零，则直接输出商和余数均为 0，也不用再作任何运算。只有除数和被除数均不为零时，才需要按相除算法进一步求具体的商和余数。

相乘运算时，若运算结果为零，则应将运算结果字符串的 pr->data[1]设置为字符串结束标志'\0'，以免运算结果字符串中出现多个零字符。

5 程序测试及分析

运行程序，首先显示程序主菜单，列出的功能选项有加法、减法、乘法、除法、清屏、退出等。

由于程序代码中已经预设大整数 A 为 1234567890987654321，大整数 B 为 112233445566778990012345，因此直接选择菜单 4、5、6 或 7，将执行预设大整数的加、减、乘、除功能。图 5-5-1 所示为对预设大整数实现相减的运算。

图 5-5-2 所示为对预设大整数实现相乘的运算。

图 5-5-1　预设大整数的相减　　　　图 5-5-2　预设大整数的相乘

如果选择菜单 1，执行更新大整数 A 的功能（见图 5-5-3），将先提示输入一个大整数，若输入的大整数合法，则输出更新之后的大整数 A；否则给出输入出错的信息。

同理，选择菜单 2，将执行更新大整数 B 操作，其执行过程与更新大整数 A 类似。

更新数据后，再选择菜单 4，将执行新的大整数 A 和大整数 B 相加操作，相加之后将以竖式方式输出当前大整数 A、大整数 B 及相加运算的结果，如图 5-5-4 所示。

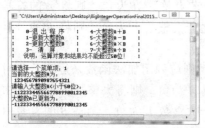 

图 5-5-3　更新大整数 A　　　　　图 5-5-4　大整数相加

选择菜单 5，将执行大整数 A 和大整数 B 相减操作，相减之后以竖式方式输出当前大整数 A、大整数 B 及相减运算的结果，如图 5-5-5 所示。

选择菜单 6，将执行大整数 A 和大整数 B 相乘操作，相乘之后以竖式方式输出当前大整数 A、大整数 B 及相乘运算的结果，过程如图 5-5-6 所示。

选择菜单 7，将执行大整数 A 和大整数 B 相除操作，相除之后以竖式方式输出当前大整数 A、大整数 B 及相除运算的商和余数，过程如图 5-5-7 所示。

如果再次选择菜单 2，并将大整数 B 更新为零，然后再选择菜单 7，执行大整数相除功能，此时程序可给出除数不能为零的提示，如图 5-5-8 所示。

图 5-5-5 大整数相减

图 5-5-6 大整数相乘

图 5-5-7 大整数相除

图 5-5-8 除法为零时输出提示

调试程序的过程中，为便于验证程序运算结果的正确性，可以将两个大整数均更新为较短或较为特殊的形式，然后再执行大整数的加减乘除各个功能的操作，程序运行全部正确。

例如，通过选择菜单项 1 和 2，先将两个大整数分别更新为 123456789 和 -12345之后，再选择菜单项 7 执行相除运算，程序的输出如图 5-5-9 所示。

更新大整数 A 或 B 时，若数字串最前面有正负号 "+" 或 "-" 是可以识别并接受的，如图 5-5-10 所示。

图 5-5-9 退出程序

图 5-5-10 输入有符号整数，可识别并接受

但是若数字串中含有小数点、字母或者其他任何非数字字符，则会提示："您输入的整数串中含有非数字字符！"（见图 5-5-11 和图 5-5-12），并不会对大整数进行更新操作。

图 5-5-11 输入的整数串中间
含有字母，不予更新

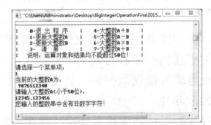

图 5-5-12 输入的整数串中间含有小数点或者
其他任意非数字字符时，不予更新

6 总　　结

通过两周的课程设计，学生可独立写出超过 500 行代码的程序，还学会了自己创建头文件和多文件编译。更重要的是通过这次实践，加深了对数据结构学科相关知识的理解。总结起来，主要有以下几点体会：

（1）要想学好数据结构，程序设计语言的基础一定要扎实。

任何程序设计语言都会用到数据结构的知识，而且良好的程序设计语言基础，又是学好数据结构课程的保证。程序设计语言作为数据结构课程的先行课，其能力的高低不仅影响到学习者对各种数据结构的理解，而且直接关系到课程设计任务能否顺利完成。

（2）程序的编写过程，不能一蹴而就，应该是一个循环渐进，不断完善直至完美的过程。

编写程序，特别是编写功能庞大，且逻辑结构较为复杂的程序，不要妄想一口气将所有的功能都非常完美地实现。一般是先将整个程序的框架（主函数及各个主要模块的函数头）先搭建起来，再尝试着按预定的算法先去实现那些最底层的被调函数，然后由底层向上层依次实现各个函数的功能。

必要的时候，通过设置断点和单步调试的方式，及时验证当前已完成的代码是否能按照预定算法的思路来执行，如果不能，则说明已完成的代码中存在语义错误，需要先解决这些错误之后再继续往下编写。

（3）不仅要用严谨细致的态度去编写程序，而且要有足够的耐心去调试程序；测试程序时，应重点关注边界条件和特殊细节。

绝大多数程序不是只要编写完就能运行，所以当程序编写完一定要进行详细地测试。如果发现测试结果不对或不够完美，则需要沉下心来，仔细检查程序中的每一个环节和漏洞。测试和调试程序时不能有懒惰思想，认为只要输入一两个数据运行不出错就认为完成了任务。

比如，在大整数运算的调试过程中，我在编写程序的过程中，刚开始就并没有考虑到除数或被除数为零、运算结果为零、输出结果如何以竖式方式对齐、负数符号的处理等多种情况，这些问题都是程序的测试阶段才逐步发现并逐步解决的。

（4）养成正确的学习态度和良好的学习习惯，培养正确的学习方法。

编写复杂的计算机程序必须学会独立思考，不懂的地方可以上网或到图书馆查阅资料，遇到实在无法理解或解决的问题时，要主动向老师请教。

对于任何一个程序功能，不能仅仅满足于输入正确的数据时能得到正确的运行结果。而当输入错误数据时，还要能及时检查出数据的错误，并允许改正数据，即保证程序的健壮性。

这次数据结构课程设计，使我在课题分析、存储结构的选择、相关算法的设计，以及编程实践等多方面都得到了锻炼，并可依靠自身的努力，顺利完成本次课程设计任务。

课程设计参考文献：

[1] 陈元春，王中华，张亮，等. 实用数据结构基础[M]. 3 版. 北京：中国铁道出版社，2013.

[2] 李鑫，黄卓，戴金波，等. 课程设计案例精编[M]. 北京：中国水利水电出版社，2006.

[3] 郑千忠，邓德华，等.C#编程网络大讲堂[M]. 北京：清华大学出版社，2011.

[4] 邓文华，邹华胜. 数据结构（C 语言版）[M]. 北京：清华大学出版社，2011.

参 考 文 献

[1] 陈元春，王中华，张亮，等. 实用数据结构基础[M].4 版. 北京：中国铁道出版社，2015.

[2] 陈元春，王淮亭. 实用数据结构基础学习指导[M]. 北京：中国铁道出版社，2008.

[3] 严蔚敏，吴伟民. 数据结构题集（C 语言版）[M]. 北京：清华大学出版社，2012.

[4] 李春葆. 新编数据结构习题与解析[M]. 北京：清华大学出版社，2013.

[5] 张铭，赵海燕，王腾蛟. 数据结构与算法学习指导与习题解析[M]. 北京：高等教育出版社，2006.

[6] 黄刘生. 数据结构自学考试题典[M]. 吉林：吉林大学出版社，2004.

[7] 苏光奎，李春葆. 数据结构导学[M]. 北京：清华大学出版社，2002.

[8] 杨正宏. 数据结构[M]. 北京：中国铁道出版社，2002.

[9] 胡学钢. 数据结构算法设计指导[M]. 北京：清华大学出版社，1999.

[10] 殷人昆，徐孝凯. 数据结构习题解析[M]. 北京：清华大学出版社，2007.

[11] 张世和. 数据结构[M]. 北京：清华大学出版社，2000.

[12] 咨讯教育小组. 数据结构 C 语言版[M]. 北京：中国铁道出版社，2002.

[13] 曹桂琴，郭芳. 数据结构学习指导[M]. 大连：大连工业大学出版社，2004.

[14] 徐士良，马尔妮. 实用数据结构[M]. 3 版. 北京：清华大学出版社，2011.

[15] 率辉. 数据结构高分笔记之习题精析扩展[M]. 北京：机械工业出版社，2014.

[16] 陈守孔. 算法与数据结构考研试题精析[M]. 2 版. 北京：机械工业出版社，2007.